Aufbruch zu neuen Welten

Für meine Eltern

Hansjürg Geiger

Aufbruch zu neuen Welten

Die Zukunft der Raumfahrt

KOSMOS

Inhalt

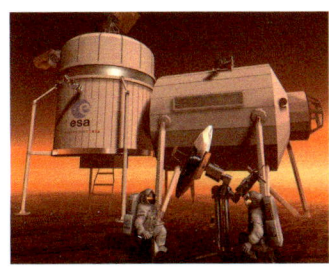

**Der Astronaut
Thomas Reiter** – hier in
der Luftschleuse QUEST
der Internationalen
Raumstation *ISS* – hat
unter den europäischen
Astronauten die längste
Raumflugerfahrung:
Er verbrachte 1995/96
und 2006 insgesamt
350 Tage im All und hat
während dieser Zeit
drei Außenbord-Einsätze
absolviert.

Vorwort

50 Jahre Raumfahrt. Im Leben eines Menschen sind 50 Jahre eine lange Zeit. Wer die Anfänge der Raumfahrt als Schüler bewusst miterlebt hat, darf sich in der Regel jetzt auf den wohlverdienten Ruhestand freuen – für ihn ist das Arbeitsleben weitgehend „gelaufen".

Gemessen an ihren Möglichkeiten steckt die Raumfahrt dagegen immer noch in den Kinderschuhen.

Gewiss, schon Vieles wurde erreicht. Kaum vier Jahre nach *Sputnik 1* umrundete der erste Mensch die Erde, und keine acht Jahre später flogen Menschen erstmals zum Mond. Seither allerdings kommt zumindest die bemannte Raumfahrt eher schleppend voran, bemüht man sich heute darum, eine vor über 20 Jahren angeregte Internationale Raumstation in der Erdumlaufbahn notdürftig fertig zu stellen und zu nutzen.

„Navigare necesse est" – Seefahrt hat Vorrang (vor dem Leben der Seeleute) – soll Pompeius der Große seinen Matrosen zugerufen haben, als diese zögerten, angesichts eines aufziehenden Sturms in See zu stechen. Ganz ähnlich könnte man den Tenor dieses Buches beschreiben, das zum 50. Jahrestag des ersten Sputnik die Geschichte der Raumfahrt skizziert und ihre bisherige und zukünftige Bedeutung für die Menschheit herausarbeitet: Bemannte Raumfahrt muss sein! Anders als beim Feldherrn Pompeius hat sie aber natürlich nicht Vorrang vor dem Leben der Menschen, sondern kann im Gegenteil ganz entscheidend zum Überleben der Menschheit beitragen, wie Hansjürg Geiger an etlichen Beispielen aufzeigt.

Dass das Überleben der Menschheit nicht von der in diesem Zusammenhang immer wieder gerne zitierten Teflonpfanne abhängt, dürfte sich längst herumgesprochen haben. Trotzdem erscheint mir die derzeitige, nahezu ausschließliche Konzentration auf eine rein utilitaristische Begründung für die bemannte Raumfahrt, die sich auf die Nutzung der Schwerelosigkeit für materialwissenschaftliche, medizinische und biologische Fragen beschränkt, zu kurz gegriffen. Bemannte Raumfahrt muss vielmehr auch als Teil der menschlichen Kultur verstanden werden, als Möglichkeit, Neues zu entdecken, erfahrbar und erlebbar zu machen.

Schon immer sind Entdecker im klassischen Sinne des Entdeckens einfach losgefahren in Richtung Horizont, um zu sehen, was dahinter liegt. Und wenn sie zurückkehrten, so meist mit der Erkenntnis, dass es dort Gebiete gibt, die man nutzen kann. Entsprechendes gilt für Wissenschaftler, die – vor allem in den letzten Jahrhunderten, also seit dem Zeitalter der Entdeckungen – die Grundlagen für das gelegt haben, was wir heute tun und nutzen: Sie haben abstrakte Grenzen überschritten und unseren Erkenntnisstand erweitert, ohne dass das immer auch gleich einen konkreten

Nutzen brachte. Neugier ist eine menschliche Eigenschaft, sie war jedenfalls einmal Bestandteil unserer Kultur und sollte es auch heute noch sein. Ohne Neugierde gibt es keine Weiterentwicklung, sondern bestenfalls Stillstand – der aber läutet das Ende von Kultur ein; dass dabei auch Nutzbringendes „abfallen" kann, ist ein Begleitaspekt, darf aber nicht entscheidend sein.

Raumfahrt kann Menschen begeistern und so ermuntern und ermutigen, auch schwierig erscheinende Aufgaben anzugehen. Als wir Weihnachten 1968 zum ersten Mal – gleichsam mit den Augen der Astronauten – vom Mond aus die winzige Erde verloren im Weltraum sahen, wurde uns die Begrenztheit und Verletzbarkeit dieses unseres Heimatplaneten „vor Augen geführt". Für Themen wie Umweltschutz, Grenzen des Wachstums und schließlich auch den Klimawandel war dies ein wichtiger Anschub, und diese Themen sind wichtig für das Überleben der Menschheit. Umgekehrt ist das Interesse an technisch-naturwissenschaftlichen Studienfächern heute gegenüber den Zeiten der bemannten Mondflüge dramatisch zurückgegangen. Dabei hängt die Zukunftsfähigkeit unserer Gesellschaft entscheidend davon ab, dass wir auch weiterhin dem Kreis der führenden Industrienationen angehören und nicht von Aufsteigern wie Indien oder China überholt werden, zurückgedrängt werden und möglicherweise unsere Konkurrenzfähigkeit auf den internationalen Märkten massiv beschädigt wird.

Gewiss, insgesamt leistet Europa auf dem Gebiet der Raumfahrt im Vergleich zu Russland und den USA Beachtliches, vor allem, wenn man bedenkt, dass das ESA-Budget gerade einmal 10 Prozent des NASA-Haushaltes ausmacht, die ESA-Mitgliedsstaaten aber ein Drittel mehr Bürger umfassen als die USA. Trotzdem bleibt festzuhalten, dass wir in Anbetracht unserer wissenschaftlichen, technischen und wirtschaftlichen Leistungsfähigkeit im Bereich der Raumfahrt nicht adäquat repräsentiert sind. Wenn wir nicht mehr aus unseren Möglichkeiten machen, laufen wir Gefahr, abgehängt zu werden.

Die USA wollen zurück zum Mond, Russland hat auch Interesse bekundet, und China wird ebenfalls ein Player sein. Natürlich können wir „irgendwann" mitmachen, aber dann wieder nur als „Trittbrettfahrer", die kaum mehr als den Reservereifen bauen. Dabei hat die Konferenz des Europäischen Rates schon im Jahr 2000 in Lissabon erklärt, Europa zur größten wissensbasierten Gesellschaft der Erde machen zu wollen. Forschung, Wissenschaft und Technologie sind Schlüsselbereiche, die zur Erreichung eines solches Zieles mit beitragen können, und Raumfahrt vereint diese Schlüsselbereiche in besonderer Weise. Entsprechend muss man jetzt die Gunst der Stunde wahrnehmen und sich an neuen Raumfahrtprojekten beteiligen: Wir haben die Fähigkeiten, wir haben die Kapazitäten, es wäre der richtige Moment, um einzusteigen, und es würde sogar einem unserer selbst gesteckten Ziele zuträglich sein.

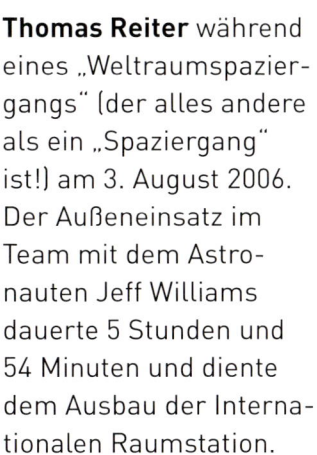

Thomas Reiter während eines „Weltraumspaziergangs" (der alles andere als ein „Spaziergang" ist!) am 3. August 2006. Der Außeneinsatz im Team mit dem Astronauten Jeff Williams dauerte 5 Stunden und 54 Minuten und diente dem Ausbau der Internationalen Raumstation.

Entsprechend lasen meine Kollegen und ich vor einigen Monaten mit großer Freude von den deutschen Ansätzen, sich aktiv in die Vorbereitung der „Rückkehr zum Mond" einzubringen und dabei eigene Höchstleistungen auf dem Sektor der Fernerkundung in den Dienst der internationalen Bemühungen auf diesem Weg zu stellen. Hier aktiver mitzumachen ist eine Frage des politischen Willens, und Europa könnte dann sogar auch eine über das Geografische hinaus gehende Mittlerrolle zukommen, um eine Neuauflage der – sicherlich stimulierenden, aber in die falsche Richtung weisenden – Kalte-Krieg-Situation zwischen USA und China vermeiden zu helfen.

Raumfahrt ist von ihrem Inhalt her eine globale Aufgabe. Wenn man von oben runterschaut, wird das völlig klar: Raumfahrt macht die Erde zu einem globalen Dorf. Aus monatelanger eigener Erfahrung kann ich sagen, dass die täglichen Nachrichten von der Erde mit dem Blick von oben ganz anders klangen und viele irdische Probleme eine andere Priorität bekamen. Was könnten wir erreichen, wenn hier unten alle an einem Strang – und dann noch auf der gleichen Seite – zögen! Auch das wäre für das Überleben der Menschheit hilfreich und wichtig.

Leider wird man keinen Europäischen Rat und keine G8-Tagung in den Weltraum verlegen können, damit die Verantwortlichen selbst diese Perspektive erleben und dringend notwendige Konsequenzen daraus ziehen können. Aber auch mittelbar erlebte Raumfahrt kann den Blick öffnen, Fantasien beflügeln und bei möglichst vielen Menschen Interesse wecken an der Welt, in der wir leben. Je größer aber das Interesse an einer Sache ist, desto größer wird auch die Bereitschaft, sich für diese Sache einzusetzen – und sei es das Überleben der Menschheit …

Thomas Reiter

Fotomontage einer Panoramaaufnahme des seit Januar 2004 auf dem Mars forschenden Rovers *Spirit* in den „Columbia Hills" im Krater Gusev. *Spirit* fand in dieser hügeligen Landschaft nahe seines Landeplatzes eindeutige Zeichen für größere Mengen flüssigen Wassers in der fernen Vergangenheit des roten Planeten, genauso wie dies auch seiner Zwillingssonde *Opportunity* auf der anderen Seite des Mars gelang. Das Bild des Rovers wurde in möglichst realistischer Weise in die originale Panoramaaufnahme kopiert.

Einführung

Wer dabei war an jenem denkwürdigen 16. Juli 1969, sei es am Radio, Fernseher oder gar vor Ort, wird die Worte des NASA-Sprechers nie vergessen: „... ignition sequence starts – six – five – four – three – two – one – zero – all engines running – lift off – we have a lift off – 32 minutes past the hour – lift off of *Apollo 11*". Vier Sekunden vor der Nullmarke schießen erste gewaltige Flammen und alles einhüllender Rauch aus dem unteren Ende der riesigen Saturn-V-Rakete, die sich mit der kleinen Kapsel an der Spitze unter ohrenbetäubendem Brüllen sofort zu bewegen beginnt. Die gewaltige Rakete entwickelt so viel Schub, dass der Boden kilometerweit unter den Füßen der Zuschauer erzittert. Langsam zuerst, ja, für einen Sekundenbruchteil sogar fast zögernd, wuchtet sich die rund 3000 Tonnen schwere und 111 m hohe Konstruktion über die Startrampe hinweg, um dann, rasch immer schneller werdend, in den blauen Himmel über Cape Canaveral zu entschwinden, bis nur noch ein fernes dumpfes Grollen vom planmäßigen Start der historischen Mission kündet. Dann, vier Tage später, am 20. Juli um 21:18 Uhr MEZ die Worte von Neil Armstrong: „Houston, the Eagle has landed"! Die ersten Menschen waren auf der Oberfläche unseres Trabanten sicher gelandet! Der Beweis war erbracht, der Mensch konnte andere Himmelskörper erreichen! Die Tür zum Weltall stand weit offen, alles schien machbar! Welche Welle der Begeisterung toste um den ganzen Planeten! Überall wo die Menschen von der geglückten Landung erfuhren, war ein Gefühl der eigenen Größe und der Faszination für die Möglichkeiten der modernen Technik spürbar. Es war, wie wenn die Menschheit einen Beweis für ihre Reife abgelegt hätte, endlich erwachsen geworden wäre und das Tor zu neuen, noch in einem Dunstschleier verborgenen Horizonten aufgestoßen hätte. In zahllosen Kommentaren war die Rede von der „Eroberung des Weltalls", und es schien nur eine Frage der Zeit, bis die nächsten Großtaten der kühnen Flieger und Ingenieure folgen sollten.

Was ist von der Aufbruchstimmung der damaligen Zeit geblieben? Gewiss, es gibt sie noch, die Weltraumfahrt, und sie vermag noch immer zahllose Menschen in ihren Bann zu ziehen. Das Weltall mit seinen noch weitgehend unerforschten Geheimnissen, seinen so fremden, bedrohlichen und doch so ergreifend schönen Strukturen und Farben, seinen noch nicht einmal im Ansatz erkannten Schätzen an Rohstoffen und Energien, lockt als „letzte Grenze" für die Menschheit. Nicht zuletzt ist der Vorstoß ins Weltall für uns Menschen auch der Beginn der Fahndung nach unserem Ursprung, nach der Lösung des Rätsels unseres Hierseins und der Suche nach der Antwort auf die Frage: „Sind wir allein?"

Trotz dieser so tief in unser Selbstverständnis greifenden Aussichten nimmt die breite Bevölkerung heute, zu Beginn des 21. Jahrhunderts, kaum noch Notiz von den

Die Erde – unsere Heimat und unser angestammter Lebensraum! Zumindest noch für sehr lange Zeit wird die Erde der einzige Ort im unfassbar riesigen und brutal tödlichen Weltall bleiben, wo wir Menschen uns sicher fühlen können und wo wir alles zum Überleben Notwendige vorfinden. Unseren Planeten – unseren Lebensraum – besser verstehen zu lernen, seine Stellung im All zu begreifen, seine Möglichkeiten auszuschöpfen ohne gleichzeitig die überlebenswichtigen Vorgänge und das komplizierte Zusammenspiel zwischen der dünnen Atmosphäre, den Meeren und der Erdkruste zu stören, gehört zu den großen Aufgaben der Raumfahrt.

Flügen der Astronauten, Kosmonauten oder Taikonauten. Ganz im Gegenteil, Schwierigkeiten auf dem so herausfordernden, an die Grenzen des technisch Machbaren führenden Weges ins Weltall werden in den Medien als Beweis für die Unzulänglichkeiten und für die angeblich mit der Raumfahrt verbundene Geldverschwendung dargestellt. Viel mehr noch, es gibt in den USA und auch in Europa starke Kräfte, welche die historischen Ereignisse der späten Apollo-Ära als reinen Bluff abtun wollen, als einen Betrug ohne Gleichen, und die allen Ernstes behaupten, die insgesamt sechs Mondlandungen hätten gar nie stattgefunden und der Mensch habe seinen Heimatplaneten noch nie verlassen!

Was ist geschehen? Wieso müssen wir im Rückblick feststellen, dass nach den großartigen Anfangserfolgen der bemannten Raumfahrt eine nun schon über 30 Jahre dauernde Periode folgte, in welcher kaum mehr wirklich packende Missionen geflogen wurden? Wieso gilt heute die bemannte Raumfahrt sogar in weiten Kreisen der Wissenschaftler als ein Luxusprojekt, das unnötig viel Geld verschlingt und ohne große Verluste an Erkenntnissen problemlos durch unbemannte Sonden ersetzt werden könnte? Waren die Flüge zum Mond wirklich nichts mehr als der Abschluss eines überdimensionierten Imponiergehabes der damaligen Großmächte? Ganz so wie sportliche Höchstleistungen, die den Völkern der Erde die Überlegenheit des eigenen Landes und des eigenen politischen Systems beweisen sollten? Nichts anderes als ein von Testosteron gesteuertes Muskelspiel?

Vielleicht war es für viele der damals maßgeblich an der bemannten Raumfahrt beteiligten Entscheidungsträger und für ein sensationslüsternes Publikum tatsächlich so. Und wie es auch mit Rekordleistungen im Sport so geht, kaum sind die Weltrekorde gebrochen, die Jahrhundertleistungen erzielt und gefeiert, werden sie gleich wieder vergessen und machen der Jagd auf neue Spitzenresultate oder auf andere Sensationen Platz.

Wozu also Weltraumfahrt? Ist es nicht so, dass unsere Welt mit genügend Problemen zu kämpfen hat? Sollten wir uns nicht besser um die immer bedrohlicher werdenden Umweltveränderungen, um Staaten, die den Irrsinn einer atomaren Bewaffnung um jeden Preis für sich selbst erwerben wollen, um Kleinkriege, Völkermorde, religiösen Fanatismus, Menschenrechtsverletzungen, Diskriminierung von Frauen und Minderheiten, Drogenkartelle und um die kommende Energie- und Rohstoffkrise kümmern?

Ich denke, ja, wir haben diese Probleme und wir müssen sie lösen, um unsere Zukunft auf dieser Erde zu sichern. Aber gerade weil diese Probleme angegangen werden müssen, brauchen wir ein faszinierendes Großprojekt, das die Menschen zu packen weiß und uns neue Perspektiven öffnen kann. Ich möchte in diesem Buch

Auch Europa hatte einst kühne Pläne für einen eigenen Weg ins All. *Hotol* in Großbritannien, *Sänger* in Deutschland und das hier in einer künstlerischen Darstellung gezeigte französische Projekt *Hermes* hätten dem alten Kontinent schon längst eigene Möglichkeiten für den Weg ins All öffnen können.

zeigen, dass die bemannte Weltraumfahrt ein solches Projekt sein könnte und dass ihre Bedeutung sehr viel mehr umfasst als nur gerade der Befriedigung überfunktionierender Hormondrüsen einiger größenwahnsinniger Fantasten.

Der 50. Jahrestag des erfolgreichen Starts von *Sputnik 1* soll Anlass sein, über den tieferen Sinn und Zweck der Raumfahrt nachzudenken. Nach einem kurzen historischen Rückblick auf die frühen Jahre der Raumfahrt und ihre gegenwärtige Krise soll dieses Buch zeigen, was die Raumfahrt – bemannt oder unbemannt – wirklich zu bieten vermag. Es soll bewusst machen, wie faszinierend die Erforschung unserer Stellung im All ist und wie die Entdeckung unserer kosmischen Umgebung und der Funktionsweisen der Natur die Menschen zu einem sich immer weiter entwickelnden und befreienden Weltbild führt. Ja, wie die Teilnahme an diesem Unternehmen vielen von uns einen Sinn der eigenen Existenz geben kann. Ich bin überzeugt davon, dass die Erforschung unseres Planeten, unseres Sonnensystems und des Weltalls darüber hinaus eine der entscheidenden und überlebenswichtigen Aufgaben für die gesamte Menschheit ist. Eine Aufgabe, die für alle Beteiligten, gerade auch für uns Europäer, langfristig nur gewinnbringend sein kann, wenn sie denn entschlossen angepackt wird. Sie öffnet uns auch die riesige Chance, unseren Planeten endlich als das zu begreifen was er wirklich ist, nämlich eine Insel des Lebens in den unendlichen Weiten des von abschreckend lebensfeindlichen Energien durchfluteten, kalten Weltraums. Eine Insel, die uns nur dann eine Zukunft bieten kann, wenn wir gemeinsam lernen, sie zu verwalten und zu nutzen!

Der Sputnik-Schock und seine Folgen

Trotz all unserer Niederlagen,
Grenzen und Fehlbarkeiten
vermögen wir Menschen Großes zu leisten.

CARL SAGAN, „PALE BLUE DOT", 1994

Die 1950er Jahre. Noch waren die schrecklichen Ereignisse des Zweiten Weltkriegs mit ihrer ganzen brutalen Realität im Gedächtnis der Menschen präsent, und schon drohte eine neue, noch viel verheerendere Auseinandersetzung, diesmal zwischen den Siegermächten des letzten Krieges. Die gegensätzlichen Interessen der Großen der Weltpolitik prallten an zahllosen Orten der Erde aufeinander, und nur das viel beschworene „Gleichgewicht des Schreckens" verhinderte, dass sich die neuen Supermächte mit ihren wachsenden Atomwaffenarsenalen sofort angriffen. Stellvertreterkriege brachen aus, in deren Folge die Welt immer deutlicher in ein kommunistisches östliches und ein demokratisch orientiertes westliches Lager aufgeteilt wurde. In Europa standen sich NATO und Warschauer Pakt am Eisernen Vorhang direkt gegenüber und gerieten in einer spannungsgeladenen, nervösen Atmosphäre in kleineren Scharmützeln immer wieder aneinander. Die Angst, der Gegner könnte das unsichere Gleichgewicht der Kräfte durch einen kleinen Vorteil zu seinen Gunsten kippen, trieb beide Lager zu ständig wachsenden militärischen Anstrengungen. Immer gewaltiger und zahlreicher mussten die Bomben werden, um dem Gegner klar zu machen, dass ein Angriff die eigene Vernichtung bedeuten könnte.

Der Astronaut Ed (Edward) H. White war der erste Amerikaner, der sich in seinem Raumanzug ausserhalb einer Kapsel im freien Weltraum aufhielt. 3. Juni 1965, Mission *Gemini 4*.

Die Militärstrategen beider Supermächte, der USA und der Sowjetunion, hatten vor diesem Hintergrund ein riesiges Problem: Wie konnte man den Gegner so rasch und gründlich besiegen, dass ein Gegenschlag unmöglich wurde? Ein umfassender Erstschlag mit Atombomben hätte den Erfolg sicher bringen können. Beide Lager besaßen damals aber nur sehr eingeschränkte Mittel, diese Paradestücke ihrer Waffenkammern mit der nötigen Präzision und Sicherheit in die Ziele zu fliegen und die feindlichen Waffen vollständig zu zerstören.

Flugzeuge hätten diese Aufgabe zwar durchaus erfüllen können, waren aber relativ langsam und verletzlich. Der nötige absolute Erfolg eines Erstschlages war auf diesem Wege also nicht zu garantieren. Kaum verwunderlich träumten die Strategen auf beiden Seiten von einem schnellen, fast unverwundbaren und zuverlässigen Transportmittel, das vom Gegner unterwegs nicht abgeschossen werden konnte und mit tödlicher Präzision traf. Und genau ein solches Geschoss, die V2-Rakete der Deutschen, gab es ja! Es musste für die fürchterlichen Zwecke der Militärs nur noch etwas verbessert werden!

Raketen versprachen, dem verhassten Feind innerhalb von wenigen Minuten alle Angriffsmöglichkeiten zu rauben, ihn völlig zu entwaffnen und ihn mit einer in der Geschichte der Menschheit bisher unbekannten Totalität zu zerstören. Wenn allerdings der Erstschlag misslingen sollte und der Gegner die Kraft zum Gegenschlag behalten hätte, so drohte der Menschheit ein nuklearer Schlagabtausch von apokalyptischem Ausmaß. Ja, sogar ein Ende der menschlichen Zivilisation schien möglich, so absolut vollständig war das Zerstörungspotenzial der Supermächte (und ist es heute noch!), so unvermeidlich aber auch die radioaktive Verseuchung fast der ganzen Erde, sollte tatsächlich ein Atomkrieg ausbrechen.

Sputnik 1, der erste von Menschen geschaffene Satellit

Die Probleme beim Bau der neuen Wunderwaffen waren allerdings riesig. Die Techniker mussten Triebwerke mit einer für die damalige Zeit fast unvorstellbaren Schubkraft entwickeln, um die tonnenschweren Atombomben überhaupt von den Startrampen wegzubringen. Völlig neuartige Steuersysteme waren nötig, um die Geschosse genau ins Ziel zu fliegen, damals noch ohne Hilfe von Computern. Zudem bedurften die empfindlichen Sprengköpfe eines massiven Schutzes vor den Erschütterungen beim Start und vor der immensen Reibungshitze beim Flug durch die Erdatmosphäre.

Trotz der enormen technischen Schwierigkeiten gab es Fortschritte. Erste Testflüge in den USA und in der Sowjetunion erreichten schon 1949 Höhen bis fast

Eine *V2*-Rakete wird 1944 von deutschen Technikern für den Abschuss vorbereitet.

Eine veränderte *V2*-Rakete hebt am 24. 7. 1950 erstmals von Cape Canaveral aus ab. Diese Rakete explodierte zwar im Flug, ähnliche Geschosse erreichten aber bis zu 400 km Höhe.

400 km. Damit war zwar noch kein gezielter Angriffsflug möglich, die neuen Raketen bewiesen so aber ihre Nützlichkeit als Transportmittel und eröffneten zugleich neue, militärische Verwendungszwecke. Wie verlockend schien es doch, aus sicherer Entfernung, aus dem erdnahen Weltall, den Gegner zu beobachten, seine Manöver zu verfolgen, seine Strategie in Erfahrung zu bringen oder auch die verräterischen Bewegungen vor einem drohenden Angriff zu erkennen, um dem Feind rechtzeitig zuvor kommen zu können. Noch war die Technik nicht so weit, aber das Potenzial von Spionagesatelliten war klar erkennbar.

Es gab aber auch damals, mitten im immer bedrohlicher werdenden „Kalten Krieg", eine ganze Anzahl von Wissenschaftlern und Technikern, die von einer ganz anderen Art der Verwendung der neuen Raketen träumten. Angetrieben von den fantastischen Entdeckungen des frühen 20. Jahrhunderts, die erstmals die unvorstellbaren Weiten des Weltalls andeuteten und ein völlig neues Weltbild erahnen ließen, waren sie vom Drang beseelt, die Welt besser verstehen zu lernen und in unerforschte Regionen vorzudringen. Sie träumten davon, mit der noch so jungen, kaum wirklich einsetzbaren Technologie ein Tor zum Weltall aufzustoßen. Wie wenig wussten die Forscher doch damals nur schon über unsere nächste kosmische Umgebung! Selbst über unseren Heimatplaneten waren ganz grundlegende Fakten noch fast völlig unbekannt. Wie war die obere Atmosphäre gebaut? Welche Vorgänge liefen hoch über unseren Köpfen ab? Wie alt war die Erde? Wie war sie entstanden? Und erst der Mond und die anderen Planeten des Sonnensystems! Welche Fülle an Geheimnissen wartete dort auf die wissbegierigen Forscher. Zwar konnten die Astronomen die Bahndaten der Planeten durch präzise Beobachtung sehr genau erfassen. Wenn es aber darum ging, ihre Natur zu erforschen, die Vorgänge auf ihnen zu verstehen, so standen den Wissenschaftlern bei ihrer Arbeit kaum mehr als verschwommene Teleskopfotos oder Handzeichnungen zur Verfügung. Könnte es möglich sein, mit Raketen ins Weltall zu fliegen und die Rätsel unserer Herkunft und unserer Umgebung vor Ort zu lösen?

Freilich hätte es dazu noch viel stärkerer Raketen bedurft als jener, welche die Militärs für ihre zerstörerischen Zwecke gerade entwickelten. Aber wie groß wäre doch der Lohn, wenn es denn gelänge, das nahe Weltall, den Mond und die Planeten direkt mit ferngesteuerten Sonden zu erkunden, dort zu landen, die Oberfläche zu fotografieren und zu erforschen, ja, vielleicht sogar Proben zu nehmen und diese in die Labors auf der Erde zu bringen! Wie faszinierend wäre es doch, mit Teleskopen

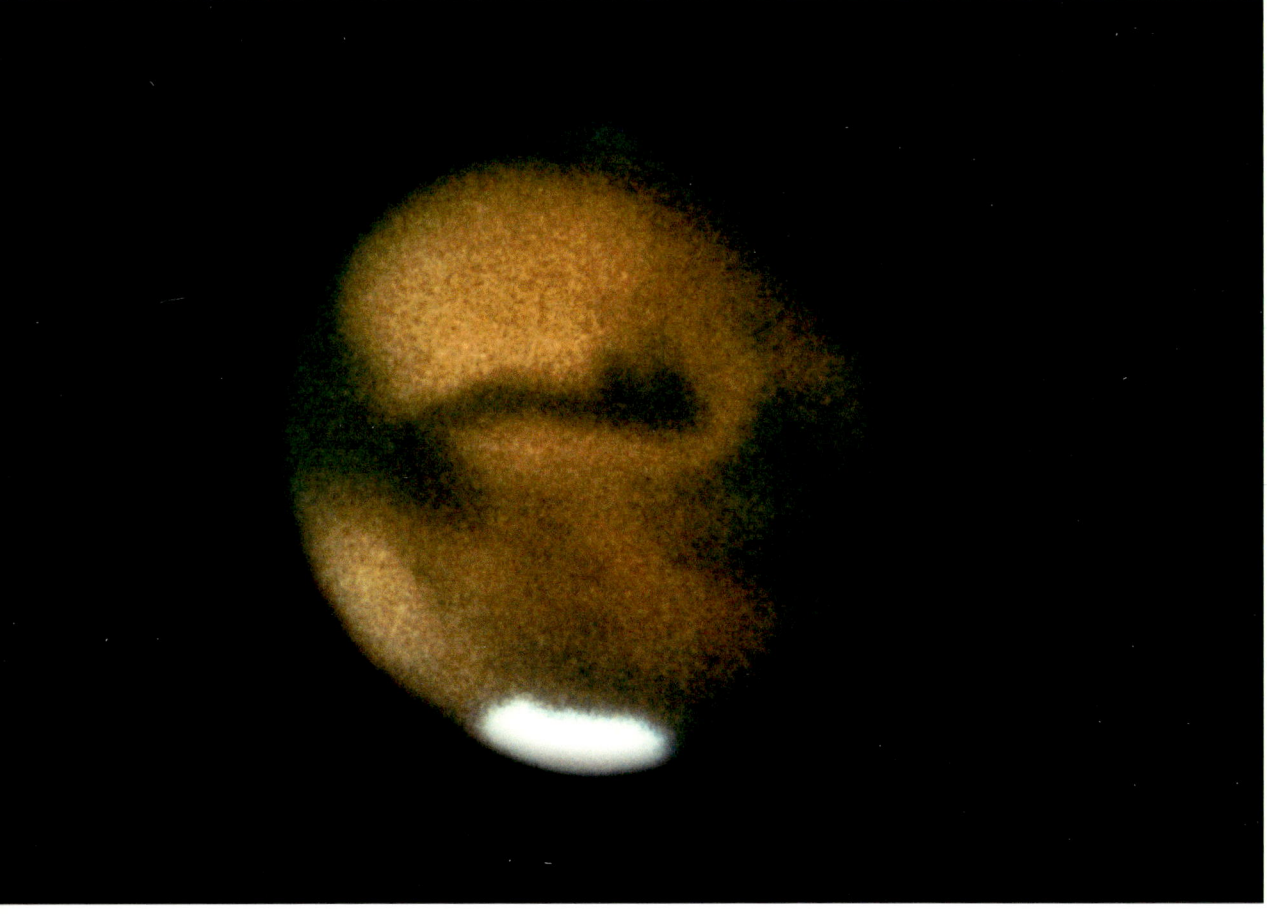

Der Planet Mars. Diese Aufnahme vom 31. 8. 1956 war für die damalige Zeit beachtlich detailliert!

außerhalb der Erdatmosphäre und ohne Behinderung durch die Lufthülle Aufnahmen der so unendlich fernen Galaxien zu schießen, deren Zahl und Distanz man erst so langsam erahnte? Selbst Reisen von Menschen zum Mond und zu den Planeten schienen in den kühnen Fantasien der sonst so nüchternen Wissenschaftler und Techniker nicht ganz unmöglich. Plötzlich wurden die noch vor kurzem als lächerlich bezeichneten Ideen der Sciencefiction-Autoren auch in Kreisen der „seriösen" Forscher salonfähig.

Raketen für die Militärs

Vorerst aber blieben die militärischen Ziele entscheidend für alle Entwicklungsarbeiten an den Raketen. Dies änderte sich erst und auch nur teilweise, als 1952 der International Council of Scientific Unions die Zeit von Mitte 1957 bis Ende 1958 zum Internationalen Geophysikalischen Jahr erklärte. Jetzt waren die Supermächte gefordert, und schon bald verkündeten beide, sich mit zivilen Satelliten an der Erforschung der Atmosphäre, der Sonne und des nahen Weltalls zu beteiligen.

Für die Amerikaner waren die sowjetischen Ankündigungen bloßes Propagandageschrei. Kaum jemand in den USA glaubte ernsthaft daran, von dem zwar bedrohlich mächtigen, aber technologisch klar zurückliegenden Volk aus den weiten Steppen und Sümpfen Asiens bei einem derart komplizierten Unterfangen geschlagen zu werden. Die Amerikaner erlaubten sich sogar den Luxus, drei fast vollständig unabhängige Programme für den Start des ersten künstlichen Erdtrabanten zu finanzieren und sich damit völlig zu verzetteln. Entsprechend schleppend, mit vielen Misserfolgen gespickt und durch alte Rivalitäten zwischen der Air Force, der Army und der Navy behindert, kamen die Entwicklungsprogramme mehr schlecht als recht voran. Der Wettstreit zwischen den großen Waffengattungen in den USA begann sehr schnell ähnliche Züge anzunehmen wie jener zwischen den USA und der Sowjetunion. Geheimniskrämerei, Missgunst und knappe Budgets behinderten die Arbeiten.

Zunächst lag die Navy mit ihrem Projekt für einen Satelliten vorne. Das Ziel war es, einen künstlichen Himmelskörper zu bauen, der die Erde aus dem Weltall vermessen konnte. So ganz nebenbei wäre es natürlich auch möglich gewesen, den „Brüderchen" im Osten ein wenig auf die Finger zu schauen und die Fähigkeiten eines künstlichen Spionagetrabanten zu testen.

Als Startvehikel für das Projekt der Navy sollte eine *Vanguard*-Trägerrakete dienen. Diese Rakete hatte für die geplanten Forschungsarbeiten im Rahmen des Geophysikalischen Jahres den großen propagandistischen Vorteil, aus einem zivilen Programm, der Höhenforschungsrakete *Viking*, entwickelt worden zu sein. Raketen

Jules Verne stellte sich 1854 vor, eine Kapsel mit einer gigantischen Kanone zum Mond zu schießen.

dieses Typs konnten bereits einige spektakuläre Erfolge vorweisen. So gelangen z. B. am 5. Oktober 1954 die ersten Fotografien eines Hurrikans über dem Golf von Mexiko aus über 150 km Höhe. Auch die erreichte Distanz zur Erde war teilweise ganz beachtlich. Die Nr. 11 der insgesamt zwölf gebauten *Viking*-Raketen donnerte auf über 250 km Höhe, längst außerhalb der Erdatmosphäre und im Bereich heutiger Satelliten. Trotzdem bereiteten die Geschosse auch zu Beginn des prestigeträchtigen Geophysikalischen Jahres noch immer ganz massive technische Schwierigkeiten. Vor allem aber war ihre Schubkraft nach wie vor nicht ganz ausreichend, um einen auch nur einigermaßen anspruchsvollen künstlichen Himmelskörper in eine Umlaufbahn zu bringen.

Viking 9 hebt am 15. Dezember 1952 vom Luftwaffenstützpunkt White Sands in New Mexico ab. Die Rakete flog auf 219 km Höhe und vermaß die Strahlung aus dem Kosmos und von der Sonne.

Eine *Juno I*-Rakete bringt am 26. Juli 1958 den Satelliten *Explorer 4* in eine Erdumlaufbahn. *Explorer 4* wog ganze 25,5 kg und sollte den Van-Allen-Strahlungsgürtel um die Erde vermessen.

Die US Army hingegen versuchte es mit einem ganz anderen Typ Rakete, dem Projekt *Redstone*, an dem die Ingenieure schon seit längerem aus klar militärischen Gründen tüftelten. Die *Redstone* sollte nämlich die Träume der Militärs erfüllen und fähig sein, eine Atombombe über mittlere Distanzen präzise ins Ziel zu fliegen. Treibende Kraft hinter diesem Projekt war der aus Deutschland ausgewanderte Wernher von Braun.

Von Braun gehörte zu einer größeren Gruppe von Ingenieuren und Wissenschaftlern, auf welche die Alliierten Ende des zweiten Weltkrieges regelrecht Jagd gemacht hatten. Die Briten und die Amerikaner erkannten schon damals sehr klar, dass die noch recht einfach gebauten und ungenau steuerbaren *V2*-Raketen der Deutschen nur der Anfang einer militärisch höchst bedeutsamen Entwicklung darstellten.

Im *Redstone*-Arsenal-Forschungszentrum in Huntsville, Alabama, boten die Amerikaner nun nach dem Krieg ihren „Beutedeutschen" fast paradiesische Zustände an. Hier konnten diese ihre ganze Begeisterung für die neuen Technologien und ihr immenses Know-how voll zum Einsatz bringen. Auch wenn von Braun wiederum in einem militärischen Projekt mitarbeitete, war seine Antriebsfeder nach wie vor die Hoffnung, später einmal die neuen Möglichkeiten für das eigentlich faszinierende, das große Ziel nutzen zu können – von Braun wollte ins Weltall reisen!

Das dritte Projekt, die *Atlas* der Air Force, spielte im Rennen um den ersten Satelliten keine Rolle. Die große Stunde der ersten Interkontinental-Rakete der Amerikaner als ziviler Träger sollte später schlagen, mit dem Beginn der bemannten Raumfahrt.

Das *Redstone*-Projekt machte sehr gute Fortschritte und war Mitte der 1950er Jahre für den ganz großen Paukenschlag, den Start des ersten künstlichen Satelliten, bereit. Trotzdem erhielt das Team um von Braun den klaren Befehl, sämtliche Forschungsarbeiten einzustellen, die sich auf den Start eines Satelliten bezogen, und im Juli 1955 beschloss das Weiße Haus, nur noch das Projekt *Vanguard* zu fördern. Ein nicht ganz 2 Kilogramm schwerer Satellit sollte in eine Umlaufbahn geschossen werden. Für von Braun und seine Leute bedeutete dies allerdings noch nicht ganz das Aus für ihre zivilen Absichten. Unter dem Vorwand von Wiedereintrittstests für militärische Zwecke, startete von Brauns Gruppe mehrfach eine veränderte *Redstone* unter dem Namen *Jupiter C* höchst erfolgreich. Ein Test am 20. September 1956 brachte das Geschoss auf über 1100 km Höhe und transportierte eine mit Sand gefüllte „Kapsel" fast 5500 km weit. Das Team in Huntsville war bereit und hätte die Lorbeeren für die Amerikaner praktisch sofort pflücken können. Es kam aber ganz anders und für die Amerikaner total schockierend und demütigend.

Die Sowjets hatten nämlich nicht geschlafen und waren keineswegs so rückständig, wie es die amerikanische Propaganda verkündete. Zudem hatte auch die Sowjetunion in der Person von Sergej Pawlowitsch Koroljow einen äußerst fähigen Chef-

Der sowjetische Chefingenieur, Sergej Koroljow (rechts), zusammen mit Juri Gagarin, dem ersten Menschen, der in einem Raumschiff die Erde umkreiste. Koroljow starb am 14.1.1966 nach einer Darmoperation an Herzversagen.

ingenieur. Seine Rakete, die *R-7*, war ähnlich wie die *Atlas* der Amerikaner als interkontinentales Projektil geplant worden, um Wasserstoffbomben zu transportieren, und war für Nutzlasten bis 5 Tonnen ausgelegt. Allerdings erwies sich das Projekt als viel zu komplex, um schon im Geophysikalischen Jahr einen großen und komplizierten Satelliten in die Umlaufbahn zu schießen. Im Gegensatz zu den Amerikanern verzettelten sich die Russen aber nicht und hatten auch keine Hemmungen, eine militärische Entwicklung für ihre zivilen Absichten zu nutzen. Sie waren wild entschlossen, irgendetwas um die Erde kreisen zu lassen, und zwar vor dem Erzfeind Amerika. Im Oktober 1957, mehr als ein Jahr nach dem ersten erfolgreichen Flug der Gruppe um von Braun, war Koroljow so weit.

Der große Schock aus dem Osten

Es war der Abend des 4. Oktobers 1957, als um 22:28 Uhr Moskauer Zeit mächtige Stichflammen aus den Triebwerken einer *R-7* schossen und das Zeitalter der Raumfahrt eröffneten. Die Rakete hob glatt und zunächst problemlos ab. Allerdings nur für gerade mal 16 Sekunden, dann fiel der Kontrollmechanismus für die Leerung der

Die *R-7* Rakete mit *Sputnik 1* an der Spitze steht am 3. Oktober 1957 auf dem Kosmodrom Tjura Tam (heute Baikonur) zum Start bereit. Schon am nächsten Tag sollte das Gespann Geschichte schreiben!

Treibstofftanks aus. Nicht genug damit! Kurz vor Ende der Brennphase versagte auch eine der Treibstoffpumpen, so dass die Rakete nicht ganz die vorgesehene Umlaufbahn erreichte. Den gewaltigen Erfolg für die Sowjets konnten diese Probleme aber nicht mehr gefährden. Ihrer Rakete war das große Kunststück gelungen, der erste künstliche Trabant der Erde war erfolgreich gestartet worden! Nach einer Flugzeit von 324,5 Sekunden hatte *Sputnik 1* eine Erdumlaufbahn erreicht.

Von diesem historischen Erfolg, der in den nächsten Tagen die Welt erschüttern sollte, wussten die Kontrolleure am Boden allerdings noch längere Zeit nichts. Es gab damals ja noch kein die Erde umspannendes Netzwerk mit Satellitenempfangsstationen, die heute eine lückenlose Überwachung der teuren Geräte im Orbit möglich machen.

Die Spannung im Kontrollbunker muss riesig gewesen sein, als die Männer vor ihren Empfangsgeräten saßen und auf das erste Signal ihres Satelliten warteten, dem Erfolg verkündenden, entscheidenden Lebenszeichen des ersten von Menschen in eine Erdumlaufbahn gebrachten Himmelskörpers! Ein erstes kurzes Funksignal gab Hoffnung auf den großen Triumph. Eine Kontrollstation in Kamtschatka fing es wenige Minuten nach dem Start auf. Um sicher zu sein, musste aber der erste volle Umlauf abgewartet werden. Und tatsächlich, pünktlich zur vorausberechneten Zeit war es da, das mittlerweile weltberühmte, schrille „Piep – Piep" des ersten Satelliten!

Die Reaktionen im offiziellen Amerika waren zunächst alles andere als schockiert. Präsident Eisenhower soll die Nachricht völlig ungerührt beim Golfspielen entgegen genommen haben. Auch in der Sowjetunion vergingen einige Tage, bis die Regierung unter dem Parteivorsitzenden Chruschtschow begriff, was die eigenen Ingenieure da erreicht hatten. Es waren eigentlich die westlichen Medien, die den Sturm lostraten und nicht nur den eigenen Regierungen, sondern auch dem Regime in Moskau klar machten, welch herrlichen Propagandaerfolg den Sowjets gelungen war. Jetzt erst begriffen auch die Regierenden im Kreml, wie wunderbar sich dieses Ereignis nutzen ließ, um dem verhassten Amerika eins auszuwischen und der Welt, speziell natürlich den eigenen Zwangsverbündeten, zu beweisen, wie überlegen der kommunistische Weg in die Zukunft war. Jetzt erst feierte Moskau den Triumph, und wie!

Im Westen war es natürlich nicht „nur" die so brutal demonstrierte technische Unterlegenheit, die den kaum fassbaren Schock auslöste. Vielmehr wurden die alten Ängste hochgespült. Wie real war da doch plötzlich die Bedrohung durch ein diktatorisches, finsteres Regime im kalten Norden Asiens, das so ganz offensichtlich weit außerhalb der Reichweite der eigenen Möglichkeiten einen Satelliten über die Köpfe und Häuser der Menschen fliegen lassen konnte. Wäre es für diese Macht nicht ein Leichtes, aus solchen künstlichen Trabanten ohne Vorwarnung, nach Belieben und überall einen ganzen Schauer verheerender Bomben auf die wehrlosen Menschen im Westen abzuwerfen?

Sputnik 1 **enthielt in seinem Innern** recht wenig Aufregendes: Zwei Batterien, einen Radiosender und je einen Temperaturfühler für die Außen- und Innentemperatur.

Der erfolgreiche Start von *Sputnik 1* markiert ganz klar den Beginn des Aufbruchs der Menschheit ins Weltall und ist deshalb ein historisches Ereignis allererster Güte. Seine Tragweite begründete sich damals allerdings weit mehr durch den ausgelösten Medienwirbel als durch die eigentliche technische Glanztat. Das kollektive Wehklagen, der gewaltige Aufruhr und die massive Kritik an den eigenen Regierungen, vor allem aber an der amerikanischen Führung, lässt sich denn auch nur aus der damaligen, wirklich bedrohlichen politischen und militärischen Situation erklären. Technisch nämlich bot *Sputnik 1* herzlich wenig. Viel mehr als Piepen konnte der Satellit kaum, und so trug er praktisch nichts zu den großen Zielen des geophysikalischen Jahres bei. Zu bescheiden war seine Ausrüstung (vgl. Abb. links).

Neben der Messung der Temperatur, über die ja auch schon von den amerikanischen Abstechern ins Weltall einiges bekannt war, konnte *Sputnik 1* eigentlich nur gerade feststellen, ob er während seiner Lebenszeit von einem Mikrometeoriten getroffen wurde. Wäre nämlich ein kosmisches Staubkorn in die Kugel eingeschlagen, so hätte der Radiosender bei einem Volltreffer den Dienst ziemlich abrupt quittiert oder aber die Innentemperatur wäre im weniger dramatischen Fall eines nur kleinen Lochs schnell gefallen. Der „wissenschaftliche" Beitrag an das geophysikalische Jahr durch *Sputnik 1* war also eine, wohlwollend ausgedrückt, ziemlich grobe Abschätzung der Meteoritenhäufigkeit im erdnahen Raum.

Der Triumph gelang der Truppe um Koroljow, weil sie rasch und entschlossen handelte und ihre Taktik neu ausrichtete, als die Ingenieure Ende 1956 merkten, dass die enormen Schwierigkeiten mit einer wirklich leistungsfähigen Variante der *R-7* den baldigen Start eines großen Satelliten unmöglich machten. Und genau hier, im Moment der Einsicht und der bedingungslosen Entschlossenheit, die Ersten sein zu wollen, liegt die wirklich große Leistung von Koroljow und seinem Team. Knapp neun Monate später war ein Satellit bereit, der auch mit einer schwächeren Version der Rakete ins All geschossen werden konnte. Zwar nur gerade von der Größe eines Basketballs und knapp 84 kg schwer, war das glatt polierte Ding eben doch ein echter Satellit.

Amerika erwacht

Jetzt aber erwachten die Amerikaner. Noch im Oktober 1957 bewilligte das Verteidigungsministerium die finanziellen Mittel für ein zweites Satellitenprojekt neben *Vanguard*. Jetzt endlich erhielt das Team Wernher von Brauns grünes Licht und konnte ernsthaft mit der Arbeit an ihrem Projekt *Explorer* beginnen. Bevor allerdings von Braun so weit war, kam es zu einer weiteren, fast noch schlimmeren Folge von Demütigungen für die Amerikaner.

Zunächst verblüfften die Sowjets den Rest der Welt mit dem Start ihres zweiten Satelliten – nur gerade einen Monat nach dem ersten erfolgreichen Flug! *Sputnik 2* war mit etwas mehr als 500 kg nicht nur wesentlich schwerer als *Sputnik 1*, sondern hatte auch schon das erste Lebewesen an Bord, die Hündin Laika. Die Absicht der Sowjets war klar, bald sollte der erste Mensch ins All folgen.

Es gab damals absolut keine Möglichkeit, das Raumschiff wieder zurück zur Erde zu bringen und so war geplant, Laika nach etwa 10 Tagen einzuschläfern. Aber es kam ganz anders. Schon kurz nach dem Start musste die Bodenmannschaft erkennen, dass das Temperaturkontrollsystem von *Sputnik 2* nicht richtig funktionierte. Schnell überhitzte sich daher das Innere der Kapsel, und Laika verendete schon wenige Stunden nach dem Einschwenken in die Umlaufbahn ziemlich kläglich.

Trotzdem, auch *Sputnik 2* war ein riesiger Erfolg und hatte in den westlichen Ländern gewaltige Auswirkungen. Zum einen wuchs die Angst vor den plötzlich so mächtig erscheinenden „Genossen" im Osten fast ins Irrationale weiter an, zum anderen waren die Regierungen nun wild entschlossen die Sowjets wieder einzuholen. Der Wettlauf ins Weltall hatte begonnen.

Zu allem Überfluss mussten die Amerikaner vor ihrem ersten Erfolg noch einen herben Rückschlag einstecken: Am 6. Dezember 1957 unternahmen sie ihren ersten Versuch, einen Satelliten in die Erdumlaufbahn zu starten. Als Startvehikel sollte die *Vanguard* dienen, die vorher allerdings noch nie erfolgreich gestartet werden konnte. Zunächst verlief alles nach Plan. Auf das Startkommando hin zündete das Haupttriebwerk auch prompt – setzte aber nach kaum zwei Sekunden „Flugzeit" aus. Die Rakete fiel aus etwa zwei Metern Höhe auf die Startrampe zurück und brach sofort in einem gewaltigen Feuerball auseinander. Das Peinliche an der Sache war, dass die Amerikaner in ihrer typischen Offenheit den Startversuch vor laufenden Fernsehkameras der ganzen Welt zeigen wollten! Spott und Hohn prasselten auf die Amerikaner nieder, die Rede war vom „Flopnik" und „Kaputtnik". Pikantes Detail am Rande: Der Satellit wurde rasch gefunden, er lag am Strand neben der völlig zerstörten Startrampe und funkte munter vor sich hin ...

Der Riese Amerika war nun aber nicht mehr zu bremsen und begann seine Muskeln zu dehnen. Als erstes erhielt Wernher von Braun endlich die Startbewilligung für seine *Jupiter* C mit dem *Explorer 1*-Satelliten an der Spitze. Und von Braun hatte sofort Erfolg: Am 31. Januar 1958 um 22:48 Uhr Lokalzeit gelang seiner Mannschaft gleich der erste Start. Die relativ kleine Sonde *Explorer 1* wog zwar gerade mal knapp 14 kg und war damit viel kleiner als *Sputnik 1*. Trotzdem, *Explorer 1* war mehr als eine bloße Demonstration für die Fähigkeit, irgendeine Last in die Umlaufbahn zu hieven. Die Sonde ermöglichte den Amerikanern erste echte wissenschaftliche Messungen im Weltall, und es gelang ihr auch prompt eine ganz bedeutsame

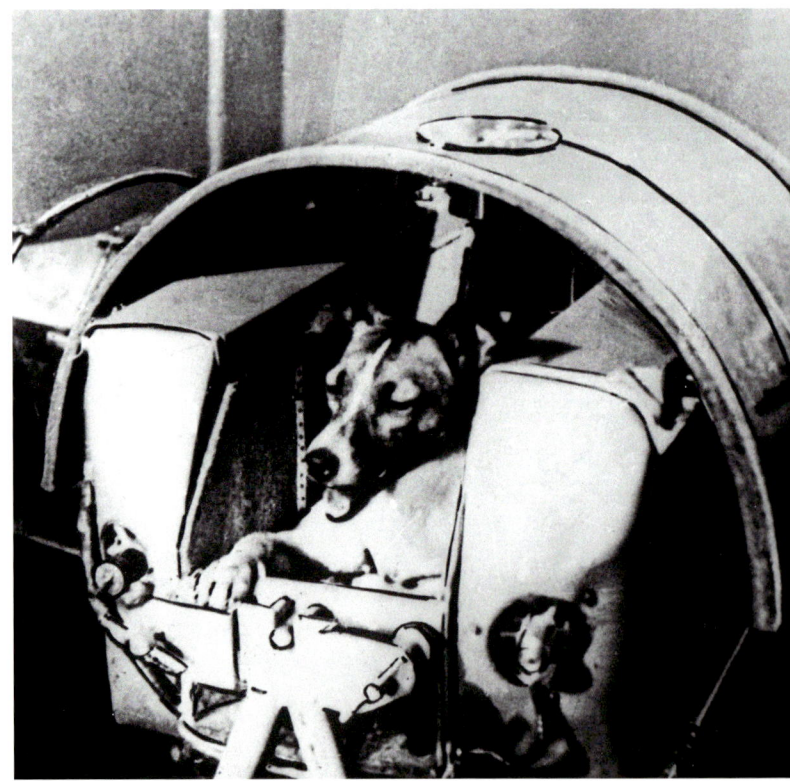

Die Hündin Laika in ihrer engen Kabine vor dem Start mit *Sputnik 2*. Sie war das erste von Menschen ins Weltall gesandte Lebewesen.

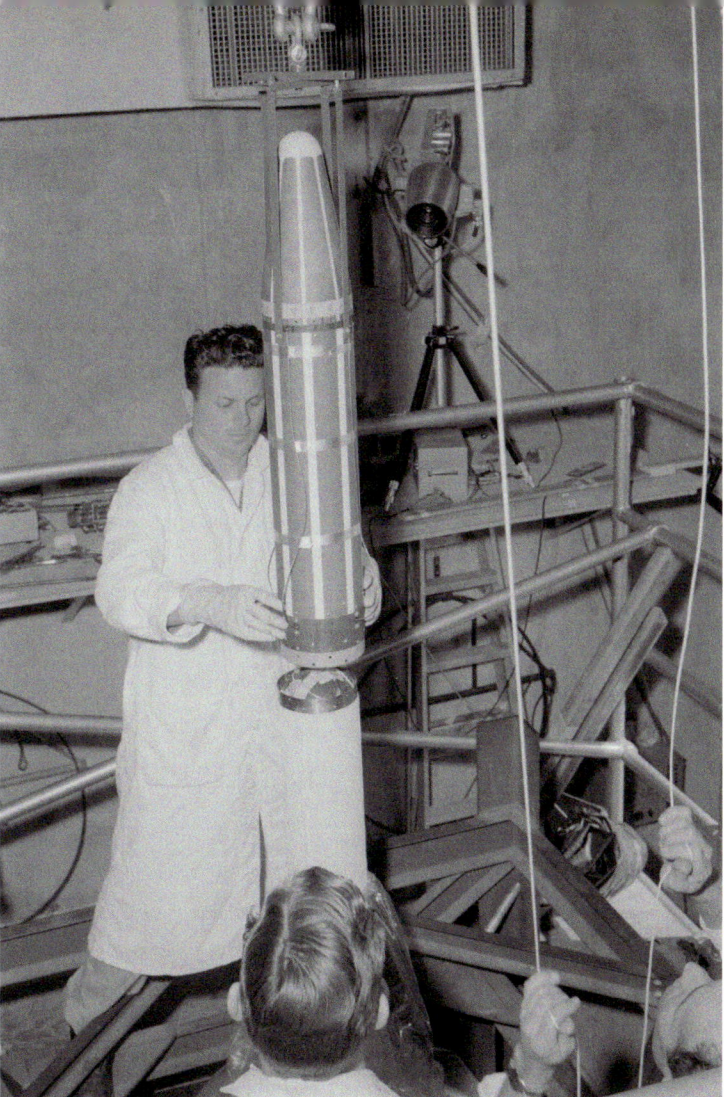

Startversuch einer *Vanguard* am 6. Dezember 1957.
Schon kurz nach dem Zünden fiel das Haupttriebwerk aus
und die Rakete explodierte auf der Startrampe.

Techniker montieren am 20. Januar 1958 den ersten
amerikanischen Satelliten, *Explorer 1*, auf die vierte Stufe
einer *Jupiter C*-Rakete. Die Aufnahme entstand auf der
Montagebrücke des Startkomplexes 26 auf der Patrick Air
Force Basis in Florida, nicht weit vom späteren Weltraumbahnhof Cape Canaveral entfernt.

wissenschaftliche Leistung ganz im Sinne der Ziele des Geophysikalischen Jahres:
die Entdeckung des Van-Allen-Strahlungsgürtels.

Explorer 1 hatte ein Messgerät für kosmische Strahlung mit an Bord, weil schon seit
längerem vermutet worden war, dass in großer Höhe das Magnetfeld unseres Planeten
die hochenergetischen Teilchen von der Sonne und aus dem Weltall einfängt und
ablenkt. Wenn zu viele der kosmischen Teilchen auf die Erde prasseln, können diese
bis in die obere Atmosphäre vordringen und die Luftteilchen wie kleine Leuchtfeuer
zum Glühen bringen. Das Resultat ist ein phantastisches Naturschauspiel, ein Polar-
licht. Für das Leben auf unserer Erde ist der Van-Allen-Gürtel überlebenswichtig, weil
er unsere Zellen vor der tödlichen Energie der Strahlung aus dem Weltall schützt.

Das Rennen ins All beginnt

Für die Weltraumfahrt viel wichtiger als die Entdeckung des Van-Allen-Gürtels war aber der mit *Explorer 1* abgefeuerte Startschuss für den zweiten Mitstreiter im Rennen ins Weltall. Die Amerikaner hatten endlich ihre Fähigkeit bewiesen, es den Sowjets gleichtun zu können. Noch aber ahnte niemand, wie schnell und mit welch dramatischem Erfolg der erste Vorstoß des Menschen in die kalte, mit lebensgefährlicher Strahlung gefüllte Einöde des Weltalls die ersten Ziele erreichen und welchen Sturm der Begeisterung dieses Unternehmen auslösen würde.

Das vorgelegte Tempo ist aus heutiger Sicht wirklich kaum vorstellbar. Nicht einmal zwölf Jahre nach dem Start von *Sputnik 1*, der ja nicht viel mehr als piepsen konnte, sollte in einem technisch ungeheuer komplexen Unternehmen mit Neil Armstrong der erste Mensch den Mond betreten. Und dies alles, bevor Computer im heutigen Sinne überhaupt einsatzbereit waren. Was kann die Menschheit doch erreichen, wenn sie will und ihre Mittel gezielt einsetzt! Welch gewaltige Faszination löste damals in den 1950er und 60er Jahren das Unternehmen Weltraumfahrt aus. Wie enorm hat es eine ganze Generation geprägt. Wie völlig haben diese Expeditionen in das Unerforschte unser Wissen um die Welt, die uns umgibt, umgekrempelt, und wie gewaltig haben sie uns auch im Alltag beeinflusst.

Bevor aber die wirklich großen Ziele angegangen werden konnten, mussten in den Vereinigten Staaten zunächst einmal die notwendigen Strukturen geschaffen werden. Schon kurz nach dem Start des Schockers *Sputnik 1* begann der damalige demokratische Mehrheitsführer und spätere Präsident Lyndon B. Johnson mit einer in der Öffentlichkeit stark beachteten Untersuchung der eigenen Weltraumpro-

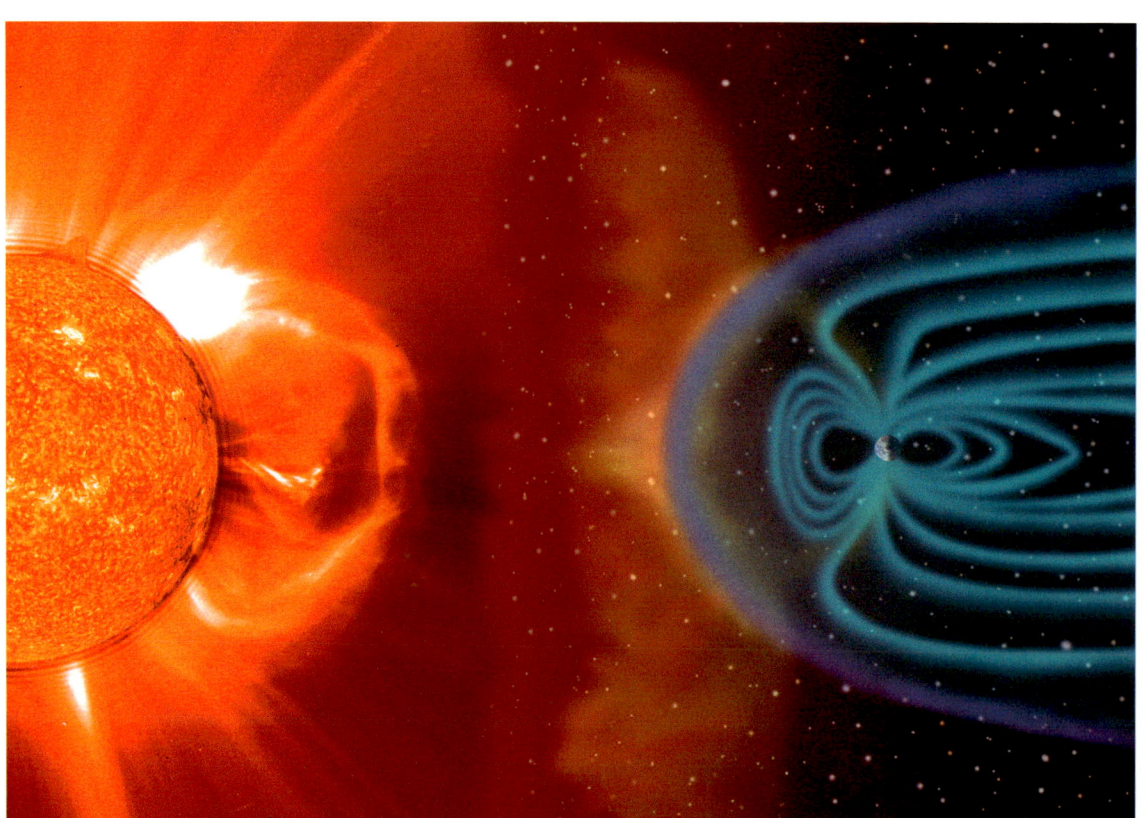

Das Magnetfeld der Erde lenkt die Strahlung von der Sonne und aus dem Weltall ab und schützt so das Leben hier auf der Erde vor den alles zerstörenden Strahlen aus dem Weltall. Das Bild der Sonne links in der Fotomontage stammt vom Sonnenbeobachtungssatelliten *SOHO*. Die Distanz Sonne – Erde ist nicht maßstäblich.

Mit der Sonde *Luna 1* gelang den sowjetischen Weltraumforschern der erste Vorbeiflug an unserem Mond. Propagandawirksam konnte der Flug auch von der Erde aus beobachtet werden, weil der Flugkörper am 3. Januar 1959 eine gelb leuchtende Natriumdampfwolke frei ließ. Die Wolke war mit bloßem Auge vom Indischen Ozean aus gerade noch erkennbar.

Diese historische Fotografie zeigt erstmals in der Geschichte der Menschheit die erdabgewandte Seite des Mondes (ca. 3/4 der östlichen, rechten Seite im Bild). Die Aufnahme gelang der sowjetischen Sonde *Luna 3* am 7. Oktober 1959 aus einer Distanz zum Mond von 63 500 km. *Luna 3* sandte 29 Aufnahmen des Mondes an die Kontrollstation auf der Erde. *Luna 3* entdeckte, dass auf der Rückseite des Mondes große dunkle Regionen, die „Meere", fehlen.

gramme. Die Resultate dieser Arbeit waren erschütternd und zwangen den immer noch zögernden republikanischen Präsidenten Eisenhower zum Handeln. Im Februar 1958 schlug er die Gründung einer nationalen Raumfahrtbehörde vor, die weitestgehend zivil ausgerichtet sein sollte. Das war die Entscheidung. Schon am 1. Oktober 1958 beschloss der Kongress die Gründung der National Aeronautics and Space Administration, die NASA war geboren.

Zunächst allerdings bauten die Sowjets ihre Führung in der Weltraumfahrt weiter aus, und sie waren es auch, die das erste große Ziel der jungen Weltraumfahrt erreichten: den Mond. Schon am 4. Januar 1959 passierte *Luna 1* die Oberfläche unseres Trabanten in knapp 6000 km Distanz und wurde zum ersten künstlichen Satelliten der Sonne. Vermutlich war es das Ziel der Sowjets, die Sonde auf dem Mond zerschellen zu lassen. An Bord waren nämlich eine ganze Anzahl Plaketten mit sowjetischen Symbolen. Offenbar funktionierte aber die Zielautomatik nicht ganz wunschgemäß, und der Schuss ging „knapp" daneben. Der erste Volltreffer auf unserem nächtlichen Begleiter gelang dann mit *Luna 2* im Herbst des gleichen Jahres, und die Genossen konnten einen weiteren Propagandaerfolg verbuchen.

Фотография 1

Pioneer 3 und *4* waren sich im Bau und in ihrer Nutzlast sehr ähnlich. Mit einem Startgewicht von 6,1 kg waren die beiden Sonden kleiner als ihre Vorgänger. Beide transportierten in ihrem Innern einen Geiger-Müller-Zähler für die Messung der Strahlung in Mondnähe sowie eine Kamera.

Um dem Ganzen aber noch die Krone aufzusetzen, startete am 4. Oktober 1959, also exakt zwei Jahre nach *Sputnik 1*, die Mondsonde *Luna 3*. Sie wurde auf eine Bahn gebracht, die um den Mond und wieder zur Erde führte. Bei diesem Flug war erstmals auch eine Kamera dabei, die Bilder an die Bodenstation funkte. Die Aufnahmen gerieten zwar ziemlich unscharf, wurden aber dennoch zu historischen Fotografien der Menschheit, denn sie zeigten eine Welt, die nie zuvor ein Mensch gesehen hatte, die Rückseite unseres Trabanten (Abb. Seite 31 unten)!

Auch die Amerikaner nahmen den Mond sehr schnell ins Visier ihrer eigenen Raumsonden, zunächst allerdings wiederum mit peinlichen Fehlschlägen. Die erste unter der Leitung der NASA am 11. Oktober 1959 gestartete Sonde, *Pioneer 1*, erreichte zwar einen neuen Höhenrekord. Ihre Trägerrakete entwickelte aber wegen eines Programmfehlers nicht genügend Schub, und die Sonde fiel zwei Tage nach dem Start über dem Pazifik wieder auf die Erde zurück. Auch die fast im Monatsabstand gestarteten *Pioneer 2* und *3* konnten wegen Problemen mit der Trägerrakete das Schwerefeld der Erde nicht verlassen und stürzten wieder ab. Erst *Pioneer 4* passierte am 4. März 1959 den Mond, allerdings in zu großem Abstand, als dass die Sensoren an Bord genügend Licht von der Mondoberfläche hätten aufnehmen können, um die

Kamera zu aktivieren. Zudem war die Chance, die Sowjets zu schlagen, einmal mehr verstrichen, und die Amerikaner hinkten ihren Konkurrenten aus dem Osten weiter hinterher.

Den Mond mit einer unbemannten Sonde zu erreichen war damals eine riesige Herausforderung für die Ingenieure und eine technologische Meisterleistung. Entsprechend wurden die ersten Erfolge auch gefeiert und publizistisch ausgeschlachtet. Allen an den Raumfahrtprogrammen Beteiligten war aber klar: Unbemannte Sonden konnten nicht das Ziel der jungen Technologie sein, der Mensch musste alsbald den Maschinen ins Weltall folgen, und beide Hauptakteure, die USA und die Sowjetunion, planten diesen Schritt schon bald nach den ersten Erfolgen. In den USA hatte eine Gruppe von Ingenieuren sogar schon vor der Gründung der NASA mit der Planung des Projektes *Mercury* begonnen.

Es ist fast unvorstellbar, welchen Mut und Pioniergeist die Verantwortlichen in Ost und West mit dem Start eines bemannten Raumflugprogramms bewiesen. Noch waren die Raketen völlig unzuverlässig, noch gab es kein Raumfahrzeug, welches einem Menschen einen sicheren Wiedereintritt in die Erdatmosphäre garantieren

Roll-out einer *Boeing B-29* mit der *X-1* unter ihrem Rumpf im September 1949 auf dem Flugfeld des Dryden Flight Research Centers in Kalifornien. Der Pilot J.H. Griffith erreicht bei diesem Flug mit Mach 0,998 fast die Schallgeschwindigkeit. Beachtenswert ist die geringe Bodenfreiheit der *X-1* beim Start! Zwei Jahre zuvor, am 14. Oktober 1947, hatte Charles E. „Chuck" Yeager mit einer anderen Maschine dieses Typs erstmals Überschallgeschwindigkeit erreicht.

Einer der ersten Starts einer *X-15*. Das Raketenflugzeug ist soeben von seinem Mutterschiff, einem *B-52*-Bomber, ausgeklinkt worden. Kurz nach dem Abwurf wurde der Raketenmotor gezündet.

konnte. Zahllos waren die offenen Fragen: Wie konnte ein Mensch vor der Kälte, dem Vakuum und der alles durchdringenden Strahlung im Weltall geschützt werden? Wie ließ sich ein Raumschiff im Weltall steuern? Wie sollte die alles versengende Reibungshitze beim Eintauchen in die Atmosphäre abgeleitet werden können?

So ganz ohne irgendwelche Erfahrungen standen die Ingenieure allerdings nicht da. Immerhin hatten die US-Streitkräfte schon seit den 1940er Jahren mit einer langen Serie von Experimentalflugzeugen, der berühmten *X-Serie*, die nötigen Techniken für Geschwindigkeiten oberhalb der Schallmauer und für das Erreichen großer Flughöhen getestet. Hier hatten die Amerikaner auch tatsächlich die Nase vorn. Es war ihre *X-1*, die 1947 als erstes bemanntes Flugzeug die Schallmauer durchbrach.

Das Flaggschiff der *X-Serie* war aber eindeutig die legendäre *X-15* (Bild rechts). Den Jungfernflug absolvierte das schlanke Geschoss am 8. Juni 1959, fast zwei Jahre vor dem ersten bemannten Raumflug. Bis zum Oktober 1968 flogen die drei *X-15* insgesamt 199 Missionen, und obwohl es während dieser langen Zeit mehrere, teils ernsthafte Zwischenfälle gab, verlor nur ein einziger Pilot sein Leben: Major Michael J. Adams starb am 15. November 1967, als die *X-15 Nr. 3* mehrfach in einen äußerst schwer kontrollierbaren Zustand geriet und schließlich in über 21 km Höhe auseinanderbrach. Trotz dieses tragischen Verlustes war das *X-15*-Programm ein riesiger Erfolg, und die beiden verbliebenen Maschinen erfreuen sich auch heute noch enormer Beachtung in den Museen, in denen sie ausgestellt sind.

Die *X-15* war eine Art Mischling zwischen einem Flugzeug und einer Rakete. Die Flügel und das Leitwerk der knapp 17 Meter langen Maschine sowie die Landung im Gleitflug (ähnlich wie heute beim *Space Shuttle*) erinnerten an ein Flugzeug. Sonst war das Fluggerät wie eine Rakete gebaut und in großer Höhe wegen des mangelnden Luftdrucks wie eine Rakete durch Steuerdüsen zu lenken und nicht wie ein Flugzeug mit Rudern.

Gestartet wurde die *X-15* in 10 bis 15 km Höhe von einem *B-52*-Bomber aus. Nach dem Ausklinken brannte der Raketenmotor maximal zwei Minuten lang und beschleunigte die *X-15* mit ihrem Piloten bis zu einer Rekordgeschwindigkeit von 7 273 km/h (Mach 6,7). Auch die erreichte Flughöhe erinnert ganz an die Leistung von Raketen und Raumfahrzeugen. Beim Flug Nr. 91 stieß der Pilot Joseph Walker am 22. August 1963 bis in eine Höhe von 108 Kilometer vor! Wenn man die Grenze zum Weltall bei etwa 80 km Höhe mit dem Beginn der Thermosphäre ansetzt, so war dies ganz klar ein Raumflug, und Joseph Walker gilt folgerichtig als Astronaut. Insgesamt 13-mal überflog die *X-15* die magische Grenze zum Weltall und sammelte dabei entscheidende Erfahrungen für die Planungsarbeiten aller bemannten amerikanischen Raumflugprogramme bis hin zum *Space Shuttle*.

Eigentlich sollte das *X*-Programm mit einem spektakulären und seiner Zeit weit vorauseilenden Projekt, der *X-20 Dyna Soar* fortgesetzt werden. Die *Dyna Soar* ging

Der spätere Astronaut Neil Armstrong nach einem erfolgreichen Testflug neben „seiner" *X-15* Nr. 1 im Jahre 1960. Neun Jahre später betrat er als erster Mensch die Oberfläche des Mondes.

auf die alten Pläne des deutschen Luftfahrtpioniers Eugen Sänger zurück, der einen von Raketen angetriebenen Bomber für Einsätze über große Distanzen bauen wollte. Sein Silbervogel hätte nach einem Aufstieg in 50 bis 150 Kilometer Höhe seine Bombenfracht im Gleitflug abwerfen sollen, um danach eine sichere Landestelle anzusteuern. Dem Konzept nach war die *X-20* also ein Vorläufer des *Space Shuttle*. Einmal mehr zeigt sich auch in diesem Projekt der entscheidende Einfluss, den die deutschen Ingenieure des frühen 20. Jahrhunderts auf die Technik der Weltraumfahrt bis in unsere Tage ausübten. Die Konstruktion der *X-20* wurde aber abgebrochen, als die Amerikaner ihr *Mercury*-Projekt ernsthaft umzusetzen begannen und alle Kräfte auf den Wettlauf zum Mond konzentrierten.

Der erste Mensch im Weltall

Mit der *X-15* hatten die Amerikaner also im Prinzip ein Fluggerät, das als Erstes in der Geschichte der Menschheit einen Piloten bis in den erdnahen Weltraum hätte transportieren können. Allerdings war das Programm Ende der 1950er Jahre noch nicht so weit ausgereift, als dass ein Vorstoß in das erdnahe Weltall damals schon hätte gewagt werden können. Und da auch die zur Verfügung stehenden Raketen noch längst nicht die nötige Flugsicherheit garantierten, kamen die Amerikaner einmal mehr zu spät. Den Ruhm für den ersten bemannten Raumflug sahnten wiederum ihre Konkurrenten aus der Sowjetunion ab!

Der erneute Triumph der Sowjets kam nicht ganz überraschend. Mit der *R-7* stand eine Trägerrakete zur Verfügung, die mit einer dritten Stufe ergänzt werden konnte und in dieser Zusammenstellung fähig war, auch größere Nutzlasten bis fast 5 Tonnen in eine niedrige Erdumlaufbahn zu hieven oder kleinere Sonden zum Mond zu entsenden. Die Zuverlässigkeit dieses Raketentyps war allerdings auch nicht gerade über alle Zweifel erhaben. So explodierte z. B. die Rakete am 28. Juli 1960 bei einem Startversuch mit zwei Hunden an Bord. Auch der mehrfach geübte Flug um die Erde und der Wiedereintritt der Kapsel in die Atmosphäre erwiesen sich als unsicher, denn mehr als einmal verglühten die Kapseln und die in ihnen mittransportierten Hunde. Die letzten Tests waren aber erfolgreich, und da die Amerikaner ganz offen von einem bemannten Startversuch ihrer ersten *Mercury*-Kapsel im März 1961 sprachen, wagten die Verantwortlichen in der UdSSR das prestigeträchtige Abenteuer. Dabei half ihnen, dass die Amerikaner ihren ersten Flug mehrfach verschieben mussten.

Am Morgen des 12. April 1961 war alles bereit. Festgezurrt in seiner kugelförmigen Kapsel lag der erste Kosmonaut, der damals 27 Jahre alte Juri Gagarin, auf der Spitze der startbereiten Rakete. Um 9:07 Uhr Moskauer Zeit zündete die Rakete und schoss Gagarin

Start der *Wostok 1* mit Juri Gagarin in der Kapsel an der Spitze der Rakete.

ohne Probleme in eine Umlaufbahn. Noch aber schwiegen die sowjetischen Medien. Erst als Gagarin die Erde zu 2/3 umrundet hatte, gab die Nachrichtenagentur TASS den Flug von *Wostok 1* mit einem Piloten an Bord bekannt. Der Flug in 180 bis 327 km Höhe über der Erde verlief absolut problemlos, und erst bei der Einleitung der Landung gab es dann doch noch einige bange Momente zu überstehen, als sich ein Kabel zwischen der Landekapsel und dem Instrumententeil des Raumschiffes trotz mehrfacher Versuche zunächst nicht lösen ließ. Danach ging aber alles nach Plan. Gagarin wurde wie vorgesehen kurz vor dem Aufprall der kugelförmigen Kapsel mit einem Schleudersitz ins Freie befördert und landete sicher an einem Fallschirm.

Dieses Mal zögerten die Sowjets nicht lange und feierten ihren Triumph vor der ganzen Welt. Empfang im Kreml, Lächeln vor der Weltpresse, Parade auf dem Roten Platz und riesige Briefmarken mit dem Helden der Sowjetunion schlachteten das Ereignis so richtig aus. Für die ohnehin gedemütigten Amerikaner war diese erneute

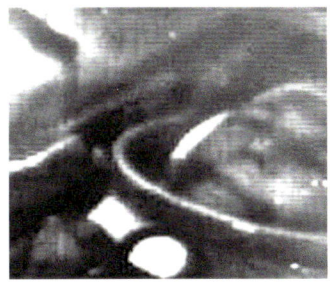

Juri Gagarin in seiner engen Raumkapsel vor dem Start (oben). Unten: Während des Fluges zeichnete eine Fernsehkamera Bilder des Kosmonauten in seiner Kapsel auf. Da die Sowjets unsicher waren, ob ein Mensch in der Schwerelosigkeit überhaupt fähig war Arbeiten zu erledigen, wurde der ganze Flug von der Bodenstation aus gesteuert und Gagarin musste nichts weiter tun als beobachten und Notizen machen. Entsprechend begeistert kehrte er von seinem Flug zurück.

Niederlage natürlich eine weitere Schlappe, die zu allem Übel auch noch in einem politisch äußerst unpassenden Moment kam. Denn nur gerade vier Tage nach dem Flug von Gagarin missglückte die von der CIA unterstützte Landung einiger Exilkubaner in der Schweinebucht auf Kuba ziemlich jämmerlich. Jetzt musste einfach ein eigener Triumph her! Nach weiteren vier Tagen, am 20. April 1961, verfasste ein ziemlich genervter Präsident Kennedy ein Memorandum an seinen Vizepräsidenten Johnson, in welchem er wissen wollte, ob die USA eine Chance hätten, die Sowjets beim Aufbau eines Raumlabors, einem Flug um den Mond, einer bemannten Mondlandung oder sonst irgend einem spektakulären Programm zu schlagen und ob auch tatsächlich rund um die Uhr alles getan werde, um die laufenden Raumfahrtprogramme voranzutreiben! Offensichtlich wirkten der Druck aus dem eigenen Land und die Ungeduld des Präsidenten, denn ein erstes Trostpflaster für die wunde amerikanische Seele ließ nicht mehr lange auf sich warten: Am 5. Mai 1961 war endlich auch die erste *Mercury*-Kapsel an der Spitze einer *Redstone*-Rakete startklar.

Oder wenigstens fast. Aufgrund des langwierigen Startprozederes war der Astronaut Alan B. Shepard schon seit Stunden in seiner engen Kapsel *Freedom 7* festgeschnallt, als ein kleineres technisches Problem nach dem anderen den Start immer weiter hinausschob. Da nur ein kurzer Flug vorgesehen war, hatten die Planer ein nicht ganz unwichtiges, menschliches Problem außer Acht gelassen. Als eine weitere Unterbrechung von fast anderthalb Stunden nötig wurde, konnte Shepard einfach nicht mehr anders. „Gordo!", rief er den Kapsel-Sprecher Gordon Cooper, „ich muss pinkeln!" Cooper war zuerst ziemlich verblüfft. Den armen Shepard wieder aus der Kapsel zu holen, hätte zu einer enormen Verzögerung geführt. Ob Shepard mit seinem Problem überhaupt so lange durchgehalten hätte, war noch eine ganz andere Frage! Und der Vorschlag des Astronauten, die Sache einfach fahren zu lassen, hätte zu Kurzschlüssen bei den medizinischen Sensoren führen können. Schließlich wurde der Strom zu den Sensoren ausgeschaltet und Shepard durfte sich „entlasten"... Dank der dicken Unterwäsche und des reinen Sauerstoffs in seinem Anzug war er auch schnell wieder trocken – und die Mission konnte beginnen.

Der Flug selbst konnte dann endlich um 9:34 Uhr Ortszeit gestartet werden und dauerte ganze 15 Minuten und 28 Sekunden. Die Kapsel wurde von der Rakete auf 190 km Höhe geschleudert und fiel danach wieder zur Erde zurück. Dabei musste Shepard kurzfristig eine fast zwölffache Erdbeschleunigung aushalten, was ihm auch gelang.

Alan B. Shepard in seiner Kapsel *Freedom 7*. Die Aufnahme zeigt, wie eng die *Mercury*-Kapseln waren und wie wenig Raum für den Astronauten vorgesehen war.

Die *Mercury-Redstone*-Kombination startet am 5. Mai 1961 zum ersten bemannten Raumflug der USA. Über der Kapsel ist der „Fluchtturm" zu erkennen, der bei einem missglückten Start die Kapsel von der Rakete hätte wegreißen sollen.

Nach einem Flug über 487 km Distanz und der Wasserung im Atlantik wird Alan B. Shepard an Bord eines Helikopters gezogen. Im Wasser ist die Kapsel *Freedom 7* zu sehen.

Die Aufholjagd beginnt

Die Amerikaner waren begeistert. Endlich waren auch sie im Kerngeschäft um die „Eroberung des Weltalls"! Auch wenn ihr erster bemannter Hüpfer ins All bei weitem nicht an die Leistung der Sowjets mit der Erdumkreisung von Juri Gagarin zu vergleichen war, hatte doch endlich auch einer der ihren das Weltall erreicht. Die Aufholjagd konnte so richtig beginnen. Für Präsident Kennedy kam dieser erste erfolgreiche Flug gerade richtig, um Stärke und Entschlossenheit zu beweisen. In die allgemeine Euphorie hinein passte auch der Report, den sein Memorandum an den Vizepräsidenten ausgelöst hatte. Die verantwortlichen Techniker waren überzeugt, mit genügend finanziellen Mitteln das Rennen um das große Ziel, einen Menschen zum Mond zu schicken, durchaus gewinnen zu können. Wichtig war, alle Kräfte zu konzentrieren und mit einem klar formulierten, langfristigen Projekt geradlinig darauf hinzusteuern. In aller Eile musste also ein schlagkräftiges Raumflugprogramm entwickelt werden, das den Amerikanern die Führung in diesem so prestigeträchtigen Rennen bringen sollte.

Bevor aber auch nur eine einzige Schraube montiert werden konnte, musste Kennedy als Erstes den Kongress für seine Pläne gewinnen. Dies war allerdings in der allgemeinen Stimmung des Jahres 1961 nicht besonders schwierig. Trotzdem ist die Rede Kennedys vom 25. Mai 1961 vor dem Kongress ein ganz wichtiges Zeitdokument und

Die berühmte Rede des amerikanischen Präsidenten John F. Kennedy vor dem Kongress am 25. Mai 1961:
„Das Weltall ist nun offen für uns; und unser Eifer an diesem Ziel teilzuhaben, wird nicht durch die Anstrengungen anderer gelenkt. Wir gehen ins Weltall, weil an allem was die Menschheit auch immer unternehmen muss, _freie_ Menschen sich mit vollem Einsatz beteiligen müssen.
Ich bitte daher den Kongress, über die bereits früher für die Weltraum-Aktivitäten beantragten zusätzlichen Mittel hinaus Gelder bereit zu stellen, die benötigt werden um die folgenden nationalen Ziele zu erreichen:
Erstens: Ich glaube, diese Nation sollte sich auf das Ziel verpflichten, noch vor Ende dieses Jahrzehnts einen Menschen auf dem Mond zu landen und ihn sicher zur Erde zurück zu bringen."

ein Beweis dafür, wie Menschen sich auch fantastisch anmutende Ziele setzen können und diese mit der Bereitschaft Außergewöhnliches zu leisten, mit Entschlossenheit, Begeisterung und sehr viel Mut auch erreichen können. Man muss sich immer wieder klar bewusst machen: Kennedy wollte aus einer Situation heraus, in der es ein amerikanischer Astronaut gerade mal eben geschafft hatte, einen kurzen Abstecher in den erdnahen Weltraum zu überleben, seine Nation dazu bringen, innerhalb von nicht einmal zehn Jahren die ganzen nötigen Techniken zu entwickeln, um einen Menschen zum Mond und zurück zu bringen. Ein fast unglaubliches Unterfangen, aber wir wissen heute, wie enorm erfolgreich dieses Projekt zu Ende geführt wurde!

In den Grundzügen war das amerikanische Mondflugprogramm rasch entwickelt. Das Projekt *Mercury* sollte möglichst schnell die amerikanische Präsenz im Weltall sichern und die grundlegenden Techniken testen. Dazu war zunächst auch eine leistungsstärkere Rakete als die *Redstone* nötig, deren Schubkraft keinen Schuss in eine Erdumlaufbahn erlaubte. Die *Atlas D* der Air Force war aber erst Anfang 1962 für zivile Flüge bereit. Nach einem unbemannten Fehlstart, zwei erfolgreichen Testflügen und insgesamt vier Startabbrüchen begann am 20. Februar 1962 das große Abenteuer des John Glenn, das ihm zu immenser Popularität verhalf. Glenn wurde 1974 sogar zum Senator gewählt und blieb dies bis 1999. Mit 77 Jahren flog er 1998 mit dem *Space Shuttle Discovery* noch einmal ins All.

Die Zweimann-Kapseln des nachfolgenden *Gemini*-Programms hatten viel weitergehende Ziele zu erfüllen: Die Steuerung der Raumschiffe in der Erdumlaufbahn musste perfektioniert werden, es musste gelernt werden, wie Raumschiffe im Weltall miteinander gekoppelt werden können, es sollten wissenschaftliche Experimente im

Weltall durchgeführt werden, und nicht zuletzt galt es auch den Beweis zu liefern, dass Menschen über längere Zeit unter Stress und auf engstem Raum zusammenarbeiten können. Der krönende Abschluss war dann dem *Apollo*-Programm vorbehalten, das in der sicheren Landung auf dem Mond und der Rückkehr zur Erde gipfeln sollte. Die große Unsicherheit für die Amerikaner blieb aber noch lange Zeit bestehen, weil im Westen niemand so genau wissen konnte, ob die Sowjets nicht wieder mit einem Husarenritt die Show stehlen würden.

Und tatsächlich, die Serie der Erstleistungen der sowjetischen Raumfahrer ging munter weiter. Kurz nachdem im Mai 1962 Scott M. Carpenter mit *Mercury* 7 ganze drei Mal die Erde umrundete, starteten die Sowjets gleich zwei ihrer *Wostok*-Raumschiffe und flogen damit erstmals in Formation im Orbit, wenn auch etwa in fünf Kilometer Distanz. Und noch vor dem Flug von *Gemini* 3 mit zwei Astronauten an Bord (Virgil I. Grissom, John W. Young) hievten sie mit einer *Woschod*-Kapsel drei

Im Memorial Museum of Cosmonautics in Moskau sind eine Luftschleuse und ein Raumanzug ausgestellt, ähnlich jener Ausrüstung, die Leonow während seines Fluges am 18.3.1965 für den ersten Weltraumspaziergang eines Menschen verwendet hat.

Astronauten in die Umlaufbahn. Offenbar ging es bei diesem Flug hauptsächlich darum, den Amerikanern mit ihrem mehrsitzigen *Gemini*-Programm zuvor zu kommen. Nach allem was man heute weiß, handelte es sich bei der *Woschod* um eine *Wostok*-Kapsel, bei der man alle irgendwie entbehrlichen Instrumente entfernte, um Platz für drei möglichst kleinwüchsige Kosmonauten zu gewinnen, die sogar auf einen Raumanzug verzichten mussten! In diesem viel zu kleinen Raumschiff „durften" Wladimir Komarow, Boris Jegorow und Konstantin Feoktistow 16-mal die Erde umkreisen. Es wird gemunkelt, der Flug sei nur deshalb relativ kurz gewesen, weil die Besatzung es nicht länger im Raumschiff aushielt und unter Raumkrankheit litt.

Auch der nächste Flug der sowjetischen Raumfahrer brachte eine echte Erstleistung. Während des Flugs von *Woschod 2* am 18./19. März 1965 stieg der Kosmonaut Alexeij Leonow durch eine aufblasbare Schleuse ins freie Weltall und schwebte für etwa 15 Minuten an einer fünf Meter langen Leine neben dem Raumschiff. Fast aber wäre dieser erste Ausstieg eines Menschen aus seiner Kapsel ziemlich böse zu Ende gegangen. Beim Versuch, wieder in das Raumschiff einzusteigen, musste Leonow feststellen, dass sich sein Anzug im All etwas zu sehr aufgebläht hatte und zu steif geworden war, um wieder durch die enge Luftschleuse zu passen. Erst als Leonow etwas Luft aus seinem Anzug entließ, war er für die Passage schlank genug!

Mit dem Flug von *Woschod 2* waren die Möglichkeiten der *Wostok* und *Woschod*-Raumschiffe aber endgültig erschöpft. Bis die Sowjets das Nachfolgemodell, das erfolgreiche *Sojus*-Raumschiff, zwei Jahre später zum Einsatz bereit hatten, war in Amerika das Zeitalter der *Gemini*-Flüge schon fast abgeschlossen. Der erste Flug einer *Sojus* brachte den Sowjets leider auch den ersten großen Rückschlag. Nach zahlreichen Problemen während des Flugs von *Sojus 1* versagten die Bremsraketen, die den Kosmonauten Wladimir Komarow hätten zur Erde zurückbringen sollen. Die manuelle Zündung zwei Umläufe später war zwar erfolgreich, dennoch kam es zur Katastrophe, weil Klebstoff für die Befestigung des Hitzeschilds in den Fallschirm geraten war und dieser sich nicht öffnete. Komarow hatte keine Chance und kam beim harten Aufprall ums Leben.

Alexeij Leonow winkt während seines Aufenthalts außerhalb des Raumschiffs seinem Kollegen Pawel Beljajew zu.

Im Rennen um die Vorherrschaft in der bemannten Raumfahrt übernahmen nun die amerikanischen Astronauten immer klarer die Führung. Schon mit *Gemini 3*, dem ersten Flug der neuen Serie, wurde eine ganz entscheidende technische Voraussetzung für die späteren Mondflüge erfüllt. Virgil Grissom und John Young konnten als erste Menschen nicht nur ihr Raumschiff im Raum drehen, sondern auch die Flugbahn ändern. Ohne diese Technik wären die für die Mondflüge absolut notwendigen Rendezvous- und Kopplungsmanöver nicht möglich geworden. Wie präzise sich die neuen Kapseln lenken ließen, bewiesen später die Flüge von *Gemini 6* und 7. Die beiden Besatzungen steuerten ihre drei Tonnen schweren Raumschiffe bis auf 30 Zentimeter aneinander, vorerst noch ohne eine Koppelung zu versuchen. Aber immerhin, es war das erste Mal, dass sich zwei Besatzungen im Weltall durch die Kabinenfenster zuwinken konnten. Nicht „nur" das Stelldichein in der Erdumlaufbahn verlangte eine hohe Präzision bei der Steuerung. Auch der Start der beiden Raumschiffe musste mit sehr engen Startfenstern von nur wenigen Sekunden auskommen. Wiederum eine ganz entscheidende Voraussetzung für die Mondflüge, bei denen der Start der Landefähre vom Mond zur Kapsel in der Parkbahn ebenfalls ganz exakt ablaufen musste.

Gemini 7 **fliegt in nur wenigen Metern Abstand** zum Schwesterschiff *Gemini 6* hoch über der von Wolken verhangenen Erde. Die eigentliche Kapsel mit den Astronauten Frank Borman und Jim Lovell an Bord ist als schwarzes Teil erkennbar, weiß bestrichen ist der Versorgungsteil, der vor der Landung abgeworfen werden musste. *Gemini 6* wurde von Walter Schirra und Thomas Stafford gesteuert.

Das komplizierte Kopplungsmanöver gelang erstmals der Besatzung von *Gemini 8* mit der Oberstufe einer *Agena*-Rakete. Kurz nach der erfolgreichen Koppelung gab es dann allerdings massive Probleme, als sich die Kombination immer schneller zu drehen begann. Der Grund war ein Kurzschluss in einer Steuerdüse, die sich nicht mehr ausschalten ließ. Dank ihrer Kaltblütigkeit und ihres Geschicks konnten die beiden Piloten Neil Armstrong und David Scott mit einer zweiten Düse die Bewegung ausgleichen und die *Agena* wieder abkoppeln. Auch bei der Mission *Gemini 9* klappte die Kopplung noch nicht einwandfrei, weil sich die Verkleidung der *Agena* nicht richtig gelöst hatte und das Andocken verhinderte. Erst bei *Gemini 10* und *Gemini 11* funktionierte das ganze Manöver weitgehend problemlos. Jetzt waren alle nötigen Techniken für das ganz große Abenteuer, den ersten Flug zum Mond, bereit.

Bevor aber das Apollo-Programm mit einem ersten Flug überhaupt starten konnte, schlug auch für die NASA die bittere Stunde eines schweren Unfalls. Und zwar zu einem völlig unerwarteten Zeitpunkt. Es war am 27. Januar 1967, als die drei Astro-

Weihnachten 1968: Die Besatzung von *Apollo 8* sieht als erste Menschen die Erde über einem anderen Himmelskörper als freie Kugel im Weltall schweben. Ein Bild von historischen Dimensionen!

nauten Gus Grissom, Edward White und Roger Chaffee in ihrem Raumschiff eine Trainingseinheit am Boden absolvierten, als in der verschlossenen Kapsel plötzlich ein Brand ausbrach und innerhalb von Sekunden das Innere der Kapsel lichterloh brannte. Die drei Astronauten hatten auch wegen dem komplizierten Verschluss des Raumschiffes keine Chance, den Flammen zu entkommen.

Die nachfolgende Analyse des Unfalls und der nötige Umbau der Kapsel verzögerten den eigentlichen Start des *Apollo*-Programms um mehr als anderthalb Jahre. Und weil die Mondlandefähre auch 1968 noch nicht einsatzbereit war, entschloss sich die NASA zu zwei Testflügen mit der überarbeiteten Kapsel und der neuen mächtigen *Saturn*-Rakete. Während der erste Flug, *Apollo 7*, noch fast wie gewohnt als Mission im Erdorbit blieb, stieß *Apollo 8* in Raumbereiche vor, die ein bemanntes Raumschiff noch nie zuvor erreicht hatte: *Apollo 8* verließ über die Weihnachtstage 1968 die Erdumlaufbahn, flog zum Mond und umkreiste unseren Trabanten zehnmal! Zum ersten Mal erblickten Menschen die erdabgewandte Seite unseres Mondes, und zum ersten Mal sahen Menschen ihren Heimatplaneten über dem Horizont eines fremden Himmelskörpers auf- und untergehen.

Für *Apollo 9* und *10* war auch die Mondlandefähre endlich fertig und konnte unter Weltraumbedingungen getestet werden. Bei *Apollo 10*, zwei Monate vor der historischen Landung auf dem Mond, trennte sich die Landefähre vom Mutterschiff und kam der Mondoberfläche auf fast 14 km nahe.

Es gab zwar auch bei diesem Flug noch einige Pannen, aber die NASA fühlte sich trotzdem bereit, den Auftrag des zwischenzeitlich ermordeten Präsidenten Kennedy zu erfüllen und gab das „GO" für *Apollo 11*, jene Mission, auf welche die ganze NASA jahrelang so intensiv hingearbeitet hatte. Am 16. Juli 1969 starteten Neil Armstrong, Edwin Aldrin und Mike Collins Richtung Mond, und Armstrong und Aldrin schafften nach einem nervenaufreibenden Abstieg zur Mondoberfläche die weiche Landung. Zum ersten Mal hatten Menschen außerhalb der Erde festen Boden unter den Füßen!

Die Landefähre „*Snoopy*" hatte sich von der *Apollo 10*-Kommandokapsel („*Charly Brown*") getrennt und begann den Abstieg bis auf knapp 14 km über die zerklüftete Oberfläche unseres Trabanten. Wie nahe und doch unerreichbar fern muss den Astronauten das große Ziel erschienen sein!

Die Astronauten von *Apollo 17* konnten dank einer weiter verbesserten Version des „Mondmobils" mehr als 35 Kilometer in der Nähe ihres Landeplatzes im Taurus-Littrow-Gebiet zurücklegen. Der Steilhang vor Harrison Schmitt führt in den Krater „Shorty". Links ist ein Ausläufer des „Südmassivs" erkennbar und in der Mitte im Hintergrund der „Familienberg". Da Harrison Schmitt, der in dieser Aufnahme neben dem Rover arbeitet, auch ausgebildeter Wissenschaftler war, hätte diese Mission eigentlich der Beginn der vertieften Erforschung unseres Mondes sein sollen. Aus politischen und finanziellen Gründen wurden aber die ursprünglich geplanten *Apollo*-Missionen *18* bis *20* abgesagt. Damit haben bis heute zwölf Menschen die Oberfläche des Mondes betreten. Am 14. Dezember 1972 um 5:40 Uhr Weltzeit verließ der Fotograf dieser Aufnahme, Eugene Cernan, den Mond. Seither haben keine weiteren Menschen mehr den Mond besucht und vor Ort erforscht.

Datum	Mission	Dauer	Land	Leistung
12.4.1961	Wostok 1	1 Erdumkreisung	UdSSR	1. bemannter Raumflug (Juri Gagarin)
5.5.1961	Mercury 3	15 Minuten	USA	1. Amerikaner im Weltall, ballistischer Flug (Alan Shepard)
6.–7.8.1961	Wostok 2	17 Erdumkreisungen	UdSSR	1. Mensch mehr als einen Tag im All (German Titow)
20.2.1962	Mercury 6	3 Erdumkreisungen	USA	1. Amerikaner im Orbit (John Glenn)
11.–15.8.1962	Wostok 3 + 4	4 Tage	UdSSR	1. Formationsflug im All
16.–19.6.1963	Wostok 6	48 Orbits	UdSSR	1. Frau im All (Valentina Tereschkowa)
12.–13.10.1964	Woschod 1	1 Tag	UdSSR	1. Flug mit mehrköpfiger Besatzung (3 Kosmonauten)
18.–19.3.1965	Woschod 2	1 Tag	UdSSR	1. Weltraumspaziergang (Alexeij Leonow)
23.5.1965	Gemini 3	1 Tag	USA	1. Flugbahnänderung im Orbit
4.–18.12.1965	Gemini 7	14 Tage (220 Orbits)	USA	Dauerrekord im All (bis Sojus 9, 1970)
16.3.1966	Gemini 8	1 Tag	USA	1. Kopplung im All
21.12.–7.12.1968	Apollo 8	6 Tage	USA	1. bemanntes Raumschiff verlässt Erdorbit
				1. bemanntes Raumschiff im Mondorbit (10x)
14.1.–18.1.1969	Sojus 4 + 5	je 3 Tage	UdSSR	1. Kopplung zweier bemannter Kapseln
16.7.–24.7.1969	Apollo 11	8 Tage	USA	1. bemannte Landung auf dem Mond
				1. Mondspaziergang
19.4.–11.10.1971	Saljut 1	175 Tage	UdSSR	1. Raumstation im Orbit
12.–14.4.1981	STS 1	2 Tage	USA	1. Flug eines Space Shuttles (Columbia)
15.–16.10.2003	Shenzhou 5	1 Tag	China	1. Flug eines chinesischen Raumfahrers (Yang Liwei)
21.6.2004	Spaceship 1	88 Minuten	USA	1. privater Raumflug

Krise und Neuanfang

*Die Erde ist die Wiege des Verstandes,
man kann aber nicht
für immer in der Wiege leben.*

KONSTANTIN ZIOLKOWSKI, 1896

Zwölf Jahre dauerte es also vom ersten schrillen „Piep – Piep" aus einer simplen Metallkugel im Erdorbit bis zu jenen unvergesslichen Stunden, als sich die ersten Astronauten ihre Schuhe auf der Oberfläche des Mondes schmutzig machten und an ihren Landeplätzen wie kleine Kinder im frischen Schnee alles zertrampelten. Welch ein rasanter Start für ein Unternehmen, das vor dem Schreckschuss aus den Steppen Kasachstans für ernsthafte Zeitgenossen höchstens soviel Kredit verdiente wie die Fieberträume einiger mondsüchtiger Fantasten. Welch ein Beweis für die menschlichen Fähigkeiten, mit Hilfe von sinnvoll eingesetzter Technik auch „unmögliche" Ziele zu erreichen!

Gewiss, es gab eine lange Reihe von vorbereitenden Experimenten mit größeren und vor allem kleineren Raketen, die hauptsächlich eines zeigten: Die Dinger können explodieren und manchmal auch fliegen. Wenn diese frühen „Spielereien" mit Feuerwerkskörpern von staatlicher Seite her überhaupt unterstützt wurden, so eigentlich nur, weil einige Strategen die militärischen Möglichkeiten der zischenden und fauchenden Rohre zu erahnen begannen. Welche Zerstörung eine explodierende Rakete anrichtet, war ja oft genug zu besichtigen. Aber Menschen auf die Spitze dieser mehr schlecht als recht beherrschbaren Bomben zu setzen, sie von einem Himmelskörper zum andern zu senden und sie sogar wieder heil zurück zu holen, dies war noch bis spät in

Das *Space Shuttle Atlantis* kehrt im September 1998 nach einer zehn Monate dauernden Überarbeitung auf dem Rücken einer umgebauten Boeing 747 nach Florida ins Kennedy Space Center zurück.

Aufnahme des stark beschädigten Service-teils von *Apollo 13*. Die Aufnahme entstand kurz nach der Trennung von der Kommandokapsel vor dem Wiedereintritt in die Erdatmosphäre. Eine Explosion im Sauerstoff-Tank 2 hatte zu einem Totalausfall der Energie-versorgung des Raum-schiffs geführt. Nur dank der Batterien in der Mondlandefähre, einer Meisterleistung im Improvisieren und des kaltblütigen Verhaltens der Astronauten Jim Lovell, Jack Swigert und Fred Haise konnte die Besatzung nach einer Umkreisung des Mondes heil auf der Erde landen.

die 1950er Jahre hinein für praktisch alle nüchtern denkenden Realisten weltfremdes Geschwätz. Und trotzdem, das Unternehmen ist gelungen. Fast 400 kg Steine und Staub vom Mond bilden auch heute noch den physischen Beweis für die insgesamt sechs erfolgreichen fantastischen Reisen.

Mit dem Erscheinen des vorliegenden Buches werden 35 Jahre seit der letzten Mondlandung vergangen sein. Die Mehrheit der heute lebenden Menschen war damals noch gar nicht geboren. Welche gewaltigen Fortschritte der Technik haben wir doch seither miterlebt. Wie stolz waren wir Jugendliche damals, in den 1960er Jahren, z. B. auf unsere Sammlung an Langspielplatten. Eine dieser empfindlichen Kunststoffscheiben fasste etwa 14 Songs. Und heute: Mein MP3-Player, gerade mal von der Größe einer Zigarettenschachtel, aber nur halb so dick, speichert locker bis zu 15 000 Lieder oder – anders ausgedrückt – den Inhalt von 1000 der alten Langspielplatten. Wenn ich einen ganz bestimmten Hit aus der Zeit meiner Jugend hören will, brauche ich keine kiloschweren Stapel an Platten zu durchwühlen, um ihn zu finden. Einige simple Daumenbewegungen genügen, und Sekunden später kann ich das Lied ohne kratzende Störgeräusche genießen!

Es ist natürlich ein offenes Geheimnis: Wir Menschen haben den Schwung aus den Pionierjahren der bemannten Raumfahrt nicht genutzt, und wir haben auch die neuen Möglichkeiten der Technik bei weitem nicht konsequent für einen weiteren Vorstoß ins All eingesetzt. Nach dem vorzeitigen Ende des *Apollo*-Programms führten die Amerikaner bis 1975 noch ganze vier bemannte Raumflüge durch. Danach hob auf Cape Canaveral sechs lange Jahre kein einziges Raumschiff der einst so betriebsamen NASA mehr ab!

Das *Space Shuttle Discovery* steht am 12. 7. 2005 zum Start bereit. Das ganze System beeindruckt schon allein durch seine Größe: Der orange Außentank hat eine Höhe von 63 m! Wie winzig nehmen sich doch die Techniker auf der Startplattform aus!

Auf sowjetrussischer Seite gab es zwar regelmäßige Flüge, die meist dem Unterhalt und Betrieb einer der verschiedenen Versionen der ersten, einfachen Raumstation *Saljut* dienten. Aber sie kämpften häufig mit großen technischen Schwierigkeiten: Wiederholt misslang z. B. das Ankoppeln der *Sojus*-Raumschiffe an die Station, so dass der Flug abgebrochen werden musste. Noch fast 15 Jahre nach der ersten Landung auf dem Mond hatten die Sowjets dieses Problem nicht wirklich gelöst!

In Amerika begannen in der Zwischenzeit der Bau und die Entwicklung eines völlig neuen Raumschiffs, des *Space Shuttles*. Dieses einem Verkehrsflugzeug ähnliche Gefährt sollte nach der ursprünglichen Planung eigentlich so ziemlich alle Aufgaben der Raumfahrt erfüllen können: Taxidienst für Menschen in eine Erdumlaufbahn und Laster für Material zum Bau einer Raumstation, Startvehikel für erdumlaufende Satelliten und Forschungssonden zu anderen Planeten, Forschungsplattform im erdnahen Orbit, Reparaturfahrzeug zur Wartung defekter Satelliten und Rettungsschiff für gestrandete Astronauten, um nur einige der wichtigsten Einsatzgebiete zu nennen. All diese Aufgaben sollten zudem viel billiger möglich werden als bisher, weil wesentliche Teile des *Space Transportation Systems (STS)*, nämlich der Orbiter selbst und die beiden seitlichen Feststoffraketen, wiederverwendbar geplant waren. Nur der riesige, orangefarbene zentrale Außentank war als Einwegobjekt gedacht und musste für jeden Flug neu geliefert werden. Gemäß dem ursprünglichen Plan hätte ein *Shuttle* nach einem Flug nicht mehr als einige Wochen am

Die *Discovery* fliegt am 28. Juli 2005 die *International Space Station* über der Schweiz an. Um sicher zu sein, dass beim Start keine Schäden an den empfindlichen Hitzekacheln aufgetreten sind, zeigt die *Discovery* der Besatzung der *ISS* den Bauch und lässt sich ausgiebig fotografieren. Schön auf dem Bild erkennbar sind große Teile der Schweiz mit den zentralschweizerischen Seen. Links (Süden) der Vierwaldstättersee mit Luzern, rechts oben (Nordwesten) die Gegend östlich von Basel und unten (Osten) Zürich mit dem Flughafen Kloten.

Boden bleiben müssen, um überholt und neu mit den Feststoffboostern und einem neuen Außentank verbunden zu werden. Auch wenn dieses ganze Konzept stark an die sprichwörtliche „eierlegende Wollmilchsau" erinnerte und nach der kompliziertesten je von Menschen gebaute Maschine verlangte, gelangen Entwicklung und Bau dieses technologischen Wunders. Allerdings erwiesen sich die budgetierten Kosten gleich von Anfang an als deutlich zu tief. 500 bis 600 Millionen US-Dollar hätte ein einzelner Orbiter kosten sollen, auf weit über eine Milliarde Dollar belief sich dann die Schlussabrechnung! Und auch die Startkosten explodierten förmlich.

Die komplizierteste je von Menschen gebaute Maschine

Heute ist keine Rede mehr von einem kostengünstigen Transportmittel ins All, das die Nutzung des erdnahen Raumes revolutionieren sollte und als Basis für den Weg zum Mond und den Planeten hätte dienen können!

Das *Space Shuttle* stellt nach wie vor eine der eindrücklichsten Leistungen menschlicher Ingenieurkunst dar und seine Technik und Kraft flößen Ehrfurcht und Respekt ein. Das ganze System ist aber von einer schon fast unbeschreiblichen Komplexität und natürlich entsprechend störanfällig. Gerade hierin liegt der Knackpunkt für das ehrgeizige Unternehmen: Es sind nicht nur die in den Medien immer wieder erwähnten Kacheln auf der Unterseite des Raumgleiters, welche die extreme Hitze beim Eintritt in die Erdatmosphäre auffangen sollen, die aber schon bei den ersten Flügen gleich zu Dutzenden weggefallen sind. Es ist nicht nur die Schaumstoffisolierung des Außentanks, die bei den heftigen Erschütterungen während des Starts bröckelt und deren Trümmer mit Überschallgeschwindigkeit auf die empfindliche Hülle des Orbiters knallen, dort Löcher reißen können und so die *Columbia* zum Absturz brachten. Und es sind nicht nur die beim Start nötigen meteorologischen Idealbedingungen, die beim Start der *Challenger* am 28. Januar 1986 nicht erfüllt wurden und den *Shuttle* explodieren ließen. Nein, es sind zahllose kleine und große Einzelteile, die alle während eines Fluges funktionieren und ineinander greifen müssen und deren ständige Kontrollen schwierig und personalintensiv sind. All dies macht das ganze System äußerst anfällig und ist verantwortlich dafür, dass die Wartungszeit nach einem Flug nicht Tage oder Wochen dauert, sondern Monate. Selbstverständlich treibt dies alles die Kosten für einen erneuten Start gewaltig in die Höhe! Die Rechnung für jeden einzelnen Start eines *Shuttles* beläuft sich heute für die NASA auf die horrende Summe von fast einer halben Milliarde Dollar! Das gesamte *Shuttle*-Programm hat bis heute (2007) über 150 Milliarden Dollar verschlungen. Und dies alles in einer Zeit, in welcher die Regierungen weltweit fast nur noch ein Regierungs-

Start zur Mission *STS 121* am 4. Juli 2006. Das *Shuttle Discovery* hat soeben die Startplattform zu einem Flug zur *ISS* verlassen.

ziel kennen: Sparen! Es gibt natürlich auch Profiteure dieser Situation: Die Zulieferfirmen machen mit dem wackeligen *Shuttle*-System traumhafte Geschäfte ...

Kommt noch dazu, dass sich auch das zweite Großprojekt der „Nach-*Apollo*-Zeit" zu einem finanziellen Debakel entwickelte. Der Bau der *International Space Station* oder kurz *ISS* sollte es den beteiligten Nationen (USA, Russland, Japan, Kanada und elf europäische Staaten) ermöglichen unter Weltallbedingungen zu forschen, die

Die Astronauten an Bord des *Shuttles Discovery*
(Mission Nummer STS 114) schossen diese Aufnahme der *ISS* am 6. August 2005, als sie die Raumstation verließen und sich auf den Rückflug zur Erde vorbereiteten. Die *ISS* fliegt in 350 bis 400 km Höhe über der Erde. Ihre Spannweite beträgt 108 Meter.

Erde zu beobachten, Satelliten zu reparieren, Materialien in der Schwerelosigkeit zu produzieren und zu sehen, wie Menschen über längere Zeit unter Weltallbedingungen leben und arbeiten können. Zudem sollte die *ISS* auch als Basis für Flüge zum Mond und Mars dienen. Ursprünglich war geplant, dies alles zu einem Preis von etwa zehn Milliarden Dollar zu erwerben, heute ist klar, auf dem Preisschild der Raumstation wird bei der Fertigstellung wohl eher die Zahl 200 Milliarden Dollar aufgedruckt sein ..., wenn sie denn je, wie einst geplant, fertig gestellt wird.

Die Amerikaner waren sich des Erfolgs und der Vielseitigkeit des *Space Shuttles* derart sicher, dass sie die Weiterentwicklung anderer Raumtransporter schlicht unterließen. Ein Versäumnis, das sich nach den bisherigen beiden Unfällen mit einem *Space Shuttle* bitter rächen sollte. Der Unfall der *Columbia* am 1. Februar 2003, bei dem alle sieben Astronauten starben, hatte zur Folge, dass die *ISS* nur noch von den russischen Transportern versorgt werden konnte und damit ein auch nur einigermaßen normaler Betrieb an Bord der Raumstation unmöglich wurde. Die Versorgungs-

Das *Shuttle Columbia*
bricht am frühen Morgen des 1. Februars 2003 beim Wiedereintritt in die Erdatmosphäre über den USA auseinander.

lage wurde so eng, dass bis Mitte 2006 nur noch zwei Besatzungsmitglieder an Bord der *ISS* verbleiben konnten, gerade genug um die Hausmeisterarbeiten zu erledigen, aber viel zu wenig um das zu tun, wofür die Station geplant worden war, nämlich sinnvolle Forschungs- und Entwicklungsarbeiten durchzuführen. Ohne *Space Shuttle* kann die *ISS* nicht wie vorgesehen genutzt werden und ist praktisch wertlos.

Das finanzielle Desaster ist aber nur die eine Seite der Krise, in der die bemannte Raumfahrt gegenwärtig steckt und aus der dringend ein Ausweg gefunden werden muss. Das zweite große Problem wiegt sogar noch viel schwerer, auch wenn es kaum Schlagzeilen macht und gemacht hat. Es geht um die an sich recht simple Frage: Wozu soll das Ganze eigentlich gut sein?

Welches sind die übergeordneten Ziele des *Shuttle*- und des *ISS*-Programms? Sind die an Bord der *ISS* geplanten und bisher noch gar nicht richtig in Angriff genommenen Arbeiten wirklich nur im Weltall durchführbar? Wohin sollen uns die beiden so enorm viel Geld verschlingenden Projekte führen? Welche Fragen sollen mit diesen Programmen beantwortet werden? Sind *Shuttle* und *ISS* mehr als Geld schluckende Prestigeprojekte?

Der bemannten Raumfahrt fehlen klare Zielvorgaben

Die bemannte Raumfahrt in den USA, in Russland und in der EU konzentriert sich gegenwärtig voll auf die *Shuttles* und die *ISS*. Sollten die Steuerzahler angesichts dieser Mammutprojekte nicht annehmen dürfen, die Zielvorgaben für diese Unternehmungen, die eine ganze Industrie beschäftigen, seien absolut klar und geradlinig auf ein großes Ziel, eine Vision, hinführend?

Dem ist leider bei weitem nicht so, was heute auch innerhalb der NASA eingeräumt wird. Kein Geringerer als deren gegenwärtiger Chef, Michael Griffin, hat in einem Interview mit der bekannten Zeitung „USA Today" Ende September 2005 das *Space Shuttle*-Programm und die *ISS* als eine Fehlentwicklung bezeichnet. Die Raumstation sei die Kosten, Risiken und Schwierigkeiten nicht wert. Griffin meinte, man sei mit den Großprojekten der letzten drei Jahrzehnte vom Pfad abgekommen, als die NASA die Missionen zum Mond zu Gunsten des *Shuttle*-Programms und der *ISS* aufgegeben habe. Ähnliche Aussagen machte Griffin auch in einer Anhörung vor dem Kongress und sprach von erheblichen Mängeln der *Space Shuttles*. Ins gleiche Horn stieß Admiral Gehmann, der Leiter der Untersuchungskommission des *Columbia*-Absturzes, als er und seine Kollegen im Schlussbericht zum Crash bemängelten, dem amerikanischen Raumfahrtprogramm fehle es an umfassenden nationalen Zielvorgaben.

Dies sind harte, ja schon fast bittere Worte von Persönlichkeiten, die mit der amerikanischen Weltraumfahrt eng verbunden sind. Kein Wunder, dass die Öffentlichkeit dem Raumfahrtprogramm so wenig abgewinnen kann, wenn nicht einmal ihre Verantwortlichen einen klaren Sinn in den Programmen erkennen. Es wäre aber

Fußabdrücke menschlicher Stiefel prägen sich nach der Landung von *Apollo 11* erstmals in der Geschichte in den staubigen Boden des Mondes. Welche geschichtsträchtigen Missionen werden heute geflogen? Aufnahme durch Edwin Aldrin am 21. Juli 1969.

grundfalsch, die ganze Schuld für die gegenwärtige Misere der NASA allein in die
Schuhe zu schieben.

Erinnern wir uns! Die Raumfahrt hat doch in den 1950er und 60er Jahren ganz
entscheidend vom Wettlauf zum Mond gelebt, den beide Supermächte aus Prestige-
gründen unbedingt gewinnen wollten. Nur dank dieses Wettlaufs flossen die nötigen
Gelder in die Industrie und machten in so verblüffend kurzer Zeit einen derart fantastischen Erfolg möglich. Und nur dank dieses Wettlaufs mit dem klaren Ziel, als
erster die eigene Fahne in den staubigen Boden unseres Trabanten zu rammen,
berichteten die Medien so ausführlich von den Erfolgen und Misserfolgen, dem Jubel,
den Pannen und Dramen, aber auch von dem so eindrücklichen und tief greifenden
Wandel im Weltbild und im Selbstverständnis der Menschen. Dazu kam noch, dass
nach dem 2. Weltkrieg die Technik und die Wissenschaft ganz gewaltige Fortschritte
machen konnten, die sich auch im Alltag auswirkten. Die Raumfahrt war in diesem
Zusammenhang auch ein riesiges Versprechen für weiteren Fortschritt und für eine
ständige Verbesserung der Lebensqualität jedes Einzelnen.

Kaum aber war das Ziel erreicht, der Wettlauf gewonnen und der politische Gegner in die Schranken verwiesen, kaum waren die Landungen auf dem Mond zur

Routine geworden, die ewigen Hüpfereien der Raumfahrer in der kahlen Kraterlandschaft nichts Neues mehr, verloren die Öffentlichkeit und die Politik in den USA das Interesse an der Weltraumfahrt. Nicht Forschung war das Ziel gewesen, sondern der Gewinn eines Wettrennens! Das Prestigeprojekt war erfolgreich abgeschlossen, jetzt musste man sich wieder den wirklich wichtigen Alltagsproblemen zuwenden.

Und solche Probleme gab es in den 1970er Jahren zuhauf. Amerika gelang es nicht mehr, sich selbst aus dem Morast der Schlachtfelder in Vietnam zu ziehen, sondern musste die Region Hals über Kopf fluchtartig verlassen. Die sowjetische Ökonomie konnte die wirtschaftlichen Folgen der rücksichtslosen Gangart während der Jahre des Kalten Kriegs nicht mehr vertuschen und ging nahezu Pleite. Europa litt unter einer Terrorwelle und bekam die Folgen der ersten großen Energiekrise des industriellen Zeitalters zu spüren. Die ersten Anzeichen der Verschmutzung und Veränderung der Umwelt, speziell auch als Folgen des explodierenden Individualverkehrs und der Zersiedelung der Landschaft, waren auch für weniger Informierte kaum mehr zu übersehen.

Probleme verursachen Zukunftsängste

Dazu kamen beängstigende Katastrophen wie die Giftwolken über Seveso und Bhopal, die Reaktorexplosion im Atomkraftwerk bei Tschernobyl und nicht zuletzt auch in der Raumfahrt der Schock der *Challenger*-Explosion. Die Folgen waren schon in

Im Cockpit der *Discovery* auf der Mission *STS 114* (Juli/August 2005). Links die Kommandantin Eileen M. Collins und rechts im 2. Pilotensitz Jim „Vegas" Kelly.

den 1970er Jahren deutlich zu spüren, plötzlich galt technischer Fortschritt als etwas Gefährliches, Unheimliches und gegen das Leben Gerichtetes. Mit der Konsequenz, dass großtechnische Projekte immer schwieriger zu finanzieren waren. Dies alles, obwohl im privaten Bereich der Hunger nach immer raffinierteren und ausgefeilteren technischen Spielzeugen stetig wuchs. Immer perfekter und breiter musste das Fernsehbild in der eigenen Stube möglichst flimmerfrei für Unterhaltung sorgen, immer realistischer die Schießereien, Autorennen und Flugsimulatoren mit dem Computer werden. So braucht man sich nicht zu wundern, dass heute die leistungsfähigsten Prozessoren in Spielcomputer eingebaut werden, während die *Shuttles* bis vor kurzem mit der Computertechnologie aus den 1980er Jahren auskommen mussten ...

Die Weltraumfahrt war eines der ersten großen Opfer dieser Veränderungen. Das Unternehmen ganz aufgeben wollten weder die Regierungen im Osten noch im Westen, auch weil zu große wirtschaftliche Interessen mit im Spiel waren, aber deutlich billiger musste alles werden. Über wirklich visionäre Projekte wie eine echte Erforschung und Nutzung des Mondes konnte in dieser Atmosphäre nicht einmal ernsthaft nachgedacht werden – sie wären zu einem todsicheren Killer für alle Budgetwünsche geworden. „Faster, better, cheaper" lauteten die Zielvorgaben für die NASA unter Dan Goldin schließlich ab den frühen 1990er Jahren.

Die massiven Kürzungen im Budget zwangen die NASA also zur Suche nach einem billigeren Weg ins All. Nur so, mit reduzierten Mitteln schien es möglich, den alten Traum von der Erforschung des Weltalls nicht ganz aufgeben zu müssen und neue Projekte anpacken zu können. Das *Space Shuttle*-Programm schien dazu perfekt. Eine Art Flugzeug, so lautete die Überlegung, das immer wieder neu eingesetzt werden konnte, musste doch ganz einfach billiger sein als die alten Einwegraketen, die schon fast zu einem Sinnbild der Wegwerfmentalität zu werden drohten. Dieses

Eine *Ariane 5 ECA-Rakete* steht im europäischen Weltraumbahnhof in Kourou (Französisch Guyana) zum Start bereit.

an sich schöne Konzept scheiterte aber schon vor dem Start des ersten Raumgleiters an den überzogen vielfältigen Anforderungen an das Gerät. Das *Shuttle* war ganz einfach zu komplex, als dass es sich auf die einfache Art und Weise hätte bauen lassen, die den Planern in den 1970er Jahren vorschwebte. Im Betrieb erwies es sich deshalb – im Nachhinein kaum überraschend – als entsprechend anfällig.

Europa beginnt ein eigenes Raumprogramm

Und Europa? Welche Rolle spielte der alte Kontinent im High-Tech-Unternehmen „Eroberung des Weltalls"? In den Jahren des Wettlaufs zum Mond waren die Europäer eigentlich fast nur Zuschauer beim Rennen der beiden Supermächte. Gewiss, es gab einige spektakuläre Erfolge Europas im Weltall. So war das berühmte Sonnensegel, welches die *Apollo 11*-Astronauten noch vor der US-Flagge in den Mondboden steckten, ein Experiment der Schweizer Universität Bern. Europa war aber auch für

Eine der phantastischsten Aufnahmen, welche die ESA-Sonde *Mars Express* bisher zur Erde gefunkt hat. Auf dem Boden eines Kraters unweit vom Mars-Nordpol liegt eine große Fläche mit Wassereis! Der Krater ohne Namen misst 35 km im Durchmesser und ist maximal 2 km tief.

unbemannte Flüge ins All auf die beiden Großmächte angewiesen. Erst 1975 reagierten 10 europäische Länder mit der Gründung der European Space Agency (ESA). Und dazu war es höchste Zeit, denn die Abhängigkeit und der technologische Rückstand auf die USA und die Sowjetunion vergrößerte sich fast täglich. Endlich wurden die ersten, noch sehr verzettelten Aktivitäten gebündelt und zu einem starken Programm zusammengefasst. Heute verfügt die ESA über eine der leistungsfähigsten modernen Raketen, die *Ariane 5*, die in ihrer *ECA*-Version bis zu 10 Tonnen Nutzlast in den Orbit befördern kann und sich ausgezeichnet für den Start von Kommunikationssatelliten eignet.

Die ESA ist heute auch stark in der Erforschung unseres Sonnensystems engagiert. Eine ihrer erfolgreichsten Missionen, *Mars Express*, untersucht seit Anfang 2004 den Mars mit hochempfindlichen Instrumenten und hat aus ihrer Umlaufbahn um den Roten Planeten ganz entscheidende Entdeckungen machen können. Dazu gehört auch der Nachweis großer Mengen an Wassereis am Nord- und Südpol. *Mars Express* erfüllt bisher die Erwartungen seiner Betreiber in höchstem Ausmaß,

Der Schweizer Claude Nicollier arbeitet im Frachtraum der *Discovery* während der Mission *STS-103* im Dezember 1999 am Weltraumteleskop *Hubble*. Für diese Arbeiten musste *Hubble* eingefangen und im Frachtraum des *Shuttles* fixiert werden. Eine heikle Arbeit!

Die russische Raumstation *Mir*, aufgenommen im Juni 1998 durch die Besatzung der *Discovery* (*STS-91*). Insgesamt 96 Kosmonauten und Astronauten besuchten die erste große menschliche Behausung im Weltall. Deutlich sind die verbogenen und verbeulten Sonnensegel zu erkennen, die am 25. Juni 1997 bei einem missglückten Andockmanöver mit einer *Progress*-Versorgungskapsel beschädigt wurden. Bei diesem Zusammenstoß wäre es fast zu einem tödlichen Druckabfall in der Raumstation gekommen. Der Aufbau der *Mir* begann am 19. Februar 1986. Nach 5511 Tagen im All und 86 325 Erdumkreisungen brachten die Russen die *Mir* am 23. März 2001 über dem Pazifik kontrolliert zum Absturz.

auch wenn seine Landesonde *Beagle 2* beim Landeanflug spurlos verschwand und vermutlich irgendwo in den staubigen Wüsten unseres Nachbars zerschellte.

Ein weiteres, sehr ehrgeiziges Projekt läuft gegenwärtig unter dem Namen *Rosetta*. Die Sonde fliegt den Kometen Tschurijumow-Gerasimenko an und soll 2014 ein Landegerät auf seinem Kern absetzen! Danach wird sie nach den Plänen der ESA den Kometen auf seiner Bahn um die Sonne begleiten und beobachten. Falls dies gelingt, dann erwarten uns wohl höchst dramatische Bilder von Gasausbrüchen und ganz neue spektakuläre Ansichten aus der Umlaufbahn um unsere Sonne.

Eine ganze Reihe Europäer sind auch als Astronauten mit amerikanischen oder russischen Raumschiffen ins Weltall geflogen und haben dort entscheidende Beiträge zum Gelingen der Missionen geleistet. Als erster Deutscher und auch als erster ESA-Astronaut wurde Ulf Merbold 1983 schon mit einer der ersten *Shuttle*-Missionen (*STS-9*) als Nutzlastspezialist eingesetzt und war für die Experimente im Raumlabor *Spacelab* zuständig. Der Schweizer Claude Nicollier flog sogar viermal ins All und war bei einem Einsatz im freien Weltall während der Mission *STS-103* hauptverantwortlich, das alternde Weltraumteleskop *Hubble* für neue spektakuläre Aufnahmen fit zu machen. Der Österreicher Franz Viehböck gehörte zu einer der 39 Besatzungen, welche die russische Raumstation *Mir* besuchten und dort medizinische und physikalische Experimente durchführten. Die ESA nutzte die *Mir* regelmäßig und konnte so unbezahlbare Erfahrungen mit Menschen im Weltall sammeln, ohne selbst ein Startvehikel für bemannte Flüge zu besitzen.

Europäer leisten entscheidende Arbeiten im All

Sicher waren die Astronauten der ESA nicht nur geduldete Passagiere auf fremden Raumschiffen. Dazu sind die Beiträge der Europäer einfach zu markant. Es sind ja nicht „nur" Menschen, die sich durch gnädig gestimmte fremde Herren in die Öden des Weltalls katapultieren ließen. Europa ist heute auf dem besten Weg, auch Verantwortung in der bemannten Raumfahrt zu übernehmen. Das europäische *ATV (Automated Transfer Vehicle)* soll ab dem Jahr 2007 die Raumstation *ISS* mit Treibstoff, Wasser, Lebensmitteln und anderen Gütern versorgen. Angedockt wird automatisch, ganz ohne manuelle Eingriffe durch Menschen. Dieser unbemannte Transporter wird mit einer verstärkten *Ariane 5* gestartet und kann bis zu neun Tonnen Material pro Flug zur *ISS* bringen. Ein ganz wesentlicher Fortschritt gegenüber der doch eher begrenzten Kapazität der russischen *Progress*-Raumschlepper, die höchstens knapp drei Tonnen in die Umlaufbahn hieven können. Beim Entladen wird die Besatzung der *ISS* ohne Raumanzug auskommen, da das *ATV* unter Druck gesetzt wird. Das *ATV* wird auch von den Amerikanern schon fast sehnsüchtig erwartet. Sie selbst besitzen im Moment ja nur gerade die klapperigen alten *Shuttles*, deren Start etwa fünfmal mehr kostet als jener eines *ATV*s.

Das Fehlen eines solchen Lasters ins All war ja einer der ganz entscheidenden Gründe, weswegen die *ISS* nach dem *Columbia*-Desaster nicht mehr richtig versorgt und nur noch mit einer Minimalbesatzung von zwei Mann geflogen werden konnte. Sollte es gar zu einem weiteren Absturz eines *Shuttles* kommen und die letzten beiden Raumfähren aus dem Verkehr gezogen werden, so wäre die *ISS* auf Jahre hinaus kaum mehr nutzbar und könnte in nützlicher Frist auch nicht mehr fertig gebaut werden. Das *ATV* wird also für den Betrieb der *ISS* zu einer überlebenswichtigen Verbindung mit der Erdoberfläche.

Wie abhängig Europa aber trotz seiner Anstrengungen beim Einsatz eigener Projekte ist, zeigt das Projekt *Columbus*, der europäische Hauptbeitrag an der *ISS*. *Columbus* ist ein vielfältig einsetzbares Raumlabor für biologische, medizinische und physikalische Experimente und soll als Modul an die *ISS* angedockt werden. Das

Astronauten aus Deutschland, Österreich und der Schweiz (Stand Mitte 2007)

Astronaut	Land	Mission	Aufenthalt im All	Austiege
Reinhold Ewald	D	Mir 97	10.2.–2.3.1997	
Klaus Dietrich Flade	D	Mir 92	17.3.–25.3.1992	
Reinhard Furrer	D	D1/STS-61A	30.10.–6.11.1985	
Sigmund Jähn	DDR	Sojus 31/Sojus 29	26.8.–3.9.1978	
Ulf Merbold	D	STS-9 STS-42 Euromir 94	28.11.–8.12.1983 22.1.–30.1.1992 20.12.–28.12.1999	
Ernst Messerschmid	D	D1/STS-61A	30.10.–6.11.1985	
Claude Nicollier	CH	STS-46 STS-61 STS-75 STS-103	31.7.–8.8.1992 2.12.–13.12.1993 22.2.–9.3.1996 20.12.–28.12.1999	 1 EVA
Thomas Reiter	D	Euromir 95 ISS Expedition 13/14	3.9.1995–29.2.1996 4.7.–23.12.2006	1 EVA 1 EVA
Hans Wilhelm Schlegel	D	STS 55	26.4.–6.5.1993	
Gerhard Thiele	D	STS 99	11.2.–22.2.2000	
Franz Artur Viehböck	A	Austromir 91	2.10.–10.10.1991	
Hans-Ulrich Walter	D	STS 55	26.4.–6.5.1993	

Ein *ATV* nähert sich in dieser künstlerischen Darstellung der *ISS* und bringt dringend benötigte Versorgungsgüter. Das *ATV* kann nach dem Entladen auch als Abfalleimer verwendet und kontrolliert zum Absturz auf die Erde gebracht werden.

Einer der ganz großen und spektakulären Erfolge der europäischen Raumfahrt war der Vorbeiflug der Sonde *Giotto* am Kern des Kometen Halley im März 1986 in knapp 600 km Distanz. Diese Aufnahme entstand am 13. März aus einer Entfernung von etwa 1400 km. *Giotto* konnte beweisen, dass dieser Komet ein „eisiger Schmutzhaufen" mit einer schwarzen Oberfläche aus organischen Verbindungen ist. Wunderschön sind einige Gas- und Materialausbrüche aus der Oberfläche des Kometen zu erkennen, die durch die Einstrahlung der Sonne ausgelöst werden und den Schweif des Kometen ständig mit neuem Material versorgen.

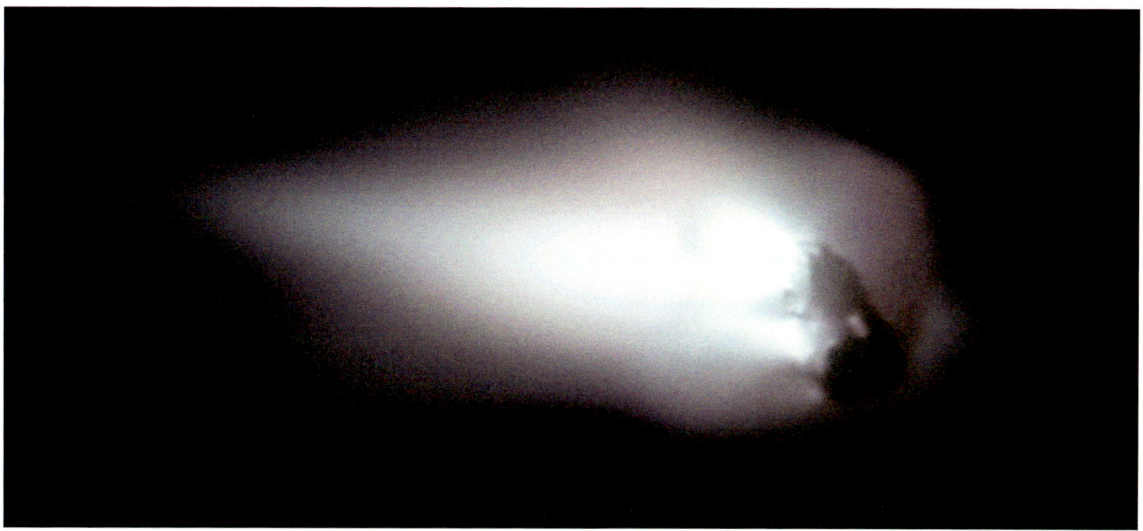

Columbus-Labor ist fertig, wurde der ESA im Mai 2006 übergeben und wenig später mit einem *Airbus Beluga* ins Kennedy Space Center geflogen, muss aber wegen des Groundings der *Shuttle*-Flotte vorerst „eingemottet" werden und warten! Wenn es nach den ursprünglichen Plänen gegangen wäre, hätte das Labor schon 2004 an die *ISS* angekoppelt werden können. Jetzt wird es frühestens im Dezember 2007 an Bord der *Atlantis* beim Flug *STS-122* mitgenommen und mit der Station verbunden. Bei der Montage und Inbetriebnahme von *Columbus* wird auch ein Deutscher maßgeblich mitarbeiten. Hans Schlegel ist für diese Mission eingeteilt und wird die Arbeiten an dem 10 Tonnen schweren und 6 Meter langen Außenposten Europas begleiten.

Aber eben, die *Shuttle*-Starts müssen bis dahin alle ohne große Verzögerungen und vor allem ohne weitere Unfälle erfolgen, sonst bleibt die teure Entwicklung für immer in den Werkhallen der NASA sitzen. *Columbus* ist nämlich exakt für den Start im Nutzlastraum eines *Shuttles* gebaut worden und kann ohne die Raumfähre nicht nach oben zur *ISS* gebracht werden!

Keine Frage, Europa hat in den letzten Jahren einen enormen Beitrag an die Erforschung des Weltalls geleistet, auch dank seiner Beteiligung an bemannten Flügen in den erdnahen Orbit. Trotzdem möchte ich die Frage stellen: Ist das genug?

Sicher werden Sie, liebe Leserin, lieber Leser, nur mäßig überrascht sein zu erfahren, dass ich als Autor eines Buches über die Weltraumfahrt der Meinung bin, wir Europäer könnten uns deutlich stärker engagieren und den Vorstoß ins All mit mehr Überzeugungskraft vorantreiben, ja sogar eine führende Rolle in diesem großen Abenteuer der Menschheit übernehmen. Nicht alleine, sondern mit anderen Staaten zusammen, aber mit dem klaren Willen zu einer führenden Rolle. Ich werde im nächsten Kapitel ausführlicher darlegen, wieso ich finde Weltraumfahrt sei ein „lohnendes" Unternehmen. Hier möchte ich nur in einem kleinen Vergleich zeigen was andere tun und was wir tun könnten, wenn wir wollten.

Ist Europas Beitrag an die Raumforschung groß genug?

Selbstverständlich geht es in diesem Vergleich ums liebe Geld. Es ist nun einmal so: Je wichtiger uns Menschen ein staatliches Projekt ist und je besser wir seine Notwendigkeit erkennen, desto eher sind wir bereit, dafür Steuern zu bezahlen und einen dünneren Geldbeutel in Kauf zu nehmen. Weltraumfahrt ist teuer, dies ist eine Bin-

Eine *Ariane 5* hebt im europäischen Raumfahrtzentrum von der Startrampe ab. Ein Symbol für die Fähigkeiten des alten Kontinents

Nach den Plänen der ESA
könnte der *ExoMars*-
Rover schon 2011 gestar-
tet werden und unseren
Nachbarn „anbohren",
um nach Spuren von
Leben zu suchen. Dank
der Daten der ESA-Sonde
Mars Express wissen wir
heute, dass es auf dem
Mars an vielen Stellen
und oft nur wenige Meter
unter der steinigen Ober-
fläche große Vorräte an
Wassereis gibt. Ideale
Orte um nach Mikroben
zu suchen, die mögli-
cherweise seit der frü-
hesten Zeit unter einer
schützenden Gesteins-
schicht überdauert
haben. Solche Missionen
sind immer wieder durch
Budget-Engpässe
gefährdet, und auch für
ExoMars ist leider eine
„light" Version im
Gespräch!

senwahrheit! Vergleichen wir aber doch einmal, was wir in Europa für Weltraumprojekte der ESA ausgeben und was sich unsere Verbündeten auf der anderen Seite des
Atlantiks das Gleiche kosten lassen

Sollen doch die nackten Zahlen sprechen: Das Budget der ESA für das Jahr 2005
betrug 2,9 Milliarden Euro, jenes der NASA umgerechnet 12,6 Milliarden (16,2 Milliarden US-Dollar). Der Vergleich, einfach so, wäre ziemlich unfair, weil sich natürlich die Belastung für jeden einzelnen Bürger in den verschiedenen Ländern sehr
ungleich ausnimmt. Die USA haben eine Bevölkerung von rund 298 Millionen. Das
ergibt pro Kopf und Jahr der US-Bevölkerung eine Ausgabe von ungefähr 42,30 Euro
oder monatlich 3,50 Euro. Im Vergleich dazu Europa: Das ESA-Budget belastet
jeden der 392 Millionen Einwohner der 17 Trägerstaaten mit 7,40 Euro im Jahr oder
62 Cent im Monat!

Berücksichtigen wir jetzt noch, dass die Einwohner Europas durchschnittlich nur etwa 4/5 so „reich" sind wie die Amerikaner, so ergibt dies für jeden Europäer eine vergleichbare Ausgabe von ungefähr 80 Cent pro Monat. Jeder Amerikaner lässt sich also den Vorstoß ins Weltall fast viereinhalb Mal soviel kosten wie ein Europäer! Um eine vergleichbare Anstrengung zu machen, müsste die ESA über ein Budget von über 13 Milliarden Euro verfügen können. Und dann hätten die Bewohner einer ganzen Reihe von Mitgliedsländern der Europäischen Union noch immer keinen Cent beigesteuert!

Nein, die Behauptung, Weltraumfahrt sei eine große oder gar zu große Belastung für einen modernen Staat der industrialisierten Welt, ist schlicht falsch und ein absolut unhaltbares Vorurteil! Und wer verkündet, Europa unternähme die ihm angemessene Anstrengung auf diesem Gebiet, täuscht sich gewaltig. Uns Europäern ist diese „große Anstrengung" nicht einmal den Gegenwert von zwei Päckchen Zigaretten wert – pro Jahr, wohlverstanden!

Zwei Päckchen Zigaretten pro Jahr

Der Einsatz Europas für den Vorstoß ins Unbekannte ist im Vergleich also nicht einmal halb-, sondern bestenfalls viertelherzig. Sicher, es wird enorm schwierig sein, die politisch Verantwortlichen zu größeren finanziellen Anstrengungen für etwas zu überreden, das lange Zeit bloß als Wettlauf der Supermächte um Ansehen in der Welt galt und dessen Sinn sie ihren Bürgern erst erklären müssen. Aber gerade Europa könnte meiner Meinung nach von einem neuen, großen, nach außen gerichteten Projekt ganz enorm profitieren. Wenn es gar gelingen sollte, mit anderen Völkern zusammen den Vorstoß in das Unbekannte anzupacken, könnte ein möglichst großer Teil der Menschheit teilhaben und von dem zu erwartenden Innovationsschub profitieren. Die internationale Zusammenarbeit an einem großen Unternehmen könnte auch helfen, das Misstrauen zwischen den Völkern und die weltweite Unsicherheit zu mildern. Dies gilt ganz besonders für ein Unternehmen wie die bemannte Weltraumfahrt, das wie kein Zweites das Potenzial hat, die Menschen zu packen und den Blick für das Ganze zu öffnen. Die USA, China, Japan, möglicherweise Indien und zunehmend auch wieder Russland haben große Pläne und den Willen, sie umzusetzen. Sie alle wollen demnächst Menschen zum Mond senden! Ist es sinnvoll, wenn alle das gleiche Ziel alleine erreichen wollen? Wäre es nicht wünschenswert, die Anstrengungen gemeinsam zu unternehmen? Könnte Europa als Koordinator auftreten?

Ganz besonders China dürfte mit seinem Raumflugprogramm in den nächsten Jahren für einige Paukenschläge sorgen. Die Gelegenheit ist günstig. China hat Jahrzehnte lang eine hervorragend ausgebildete, wissenschaftlich und technologisch

Shenzhou 5 **auf der Spitze** einer „*Langer Marsch*" – Rakete *(CZ-2F)* beim Start von der Startrampe im chinesischen Weltraumzentrum Jiuquan (Provinz Gansu). Der Start erfolgte am 15. Oktober 2003 gegen 9 Uhr Ortszeit. Die Kapsel mit dem Taikonauten Yang Liwei an Bord kreiste 14-mal um die Erde und landete einen Tag später sicher in der Inneren Mongolei. Mit diesem Flug hat sich China Platz 3 im exklusiven Klub der zur bemannten Raumfahrt fähigen Staaten gesichert.

interessierte Elite herangezogen, die neben der Förderung der Bildung im eigenen Land ganz enorm von den Ausbildungsprogrammen an westlichen Universitäten profitieren konnte. Diese jungen Leute haben heute das Potenzial, China den Weg in eine unabhängige und erfolgreiche Zukunft zu weisen. Zudem finden 2008 in China die nächsten olympischen Spiele statt. Ein wunderbarer Anlass, die Technologien zu testen und gleichzeitig einen großen propagandistischen Erfolg zu feiern.

Die Krise der amerikanischen Raumfahrt öffnet den Chinesen sogar die Möglichkeit, die Führungsrolle in der bemannten Raumfahrt zu übernehmen. Wenn das neue Raumfahrtprogramm der Amerikaner überhaupt richtig in Schwung kommt, dürfte der erste Flug der *Orion* frühestens 2014 stattfinden. Bis dahin möchte China aber bereits eine erste Mission zur Umkreisung des Mondes abgeschlossen haben, also Jahre bevor die Amerikaner überhaupt wieder ins All fliegen können!

Man muss sich die Wirkung eines solchen Erfolges auf die chinesische Gesellschaft vorstellen: Der Erzrivale Amerika hat nach der Pensionierung seiner *Shuttle*-Flotte ab 2010 über Jahre hindurch keine Möglichkeit für bemannte Raumflüge und ist für die Versorgung der Raumstation *ISS* auf fremde Transporter angewiesen, während China aus eigener Kraft einen Flug um den Mond schafft. Zudem wollen die Chinesen mit einem fahrbaren Roboter schon ab 2012 die Mondoberfläche erforschen.

Welch ein Anstoß wäre dies für die ohnehin schon in voller Aufbruchstimmung stehende chinesische Gesellschaft! Welch ein riesiger Anreiz für die chinesische Jugend, die eigene Ausbildung voranzutreiben und die Zukunft anzupacken. Für

Die Landekapsel von *Shenzhou 5* nach der Landung am 13. Oktober 2003 ind der Mongolei. Deutlich sind die Spuren des feurigen Eintritts in die Erdatmosphäre erkennbar. Der winkende Taikonaut ist Yang Liwei, Chinas erster Mensch im All. Im Flug war die Kapsel mit einem Orbitalteil verbunden, das noch bis zu seinem Verglühen in der Atmosphäre wissenschaftliche Daten zur Erde funkte. Bei diesem Flug wurde das Orbitalmodul noch ferngesteuert betrieben, die Taikonauten konnten es nicht besuchen, da noch keine Lebenserhaltungssysteme installiert waren.

Die Raumkapsel *Shenzhou 6* an Bord einer CZ-2F-Rakete am 7. Oktober 2005 auf dem Weg zur Startrampe in Gansu. Mit ihr flogen die Taikonauten Fei Junlong und Nie Haisheng ins All. Das Raumschiff wies eine ganze Reihe von Verbesserungen gegenüber der ersten Version *Shenzhou 5* auf. So konnte die Besatzung ihren Raumanzug ausziehen und im Orbitalmodul arbeiten. Auch für den verbesserten Komfort wurde gesorgt. Erstmals stand ein „Raum-WC" zur Verfügung, und die Raumfahrer konnten sich warme Speisen zubereiten. *Shenzhou 6* bildete vermutlich den Abschluss der ersten Phase der bemannten chinesischen Raumfahrt. Das Folgeprojekt „921-II" dürfte Dockingmanöver und Raumspaziergänge bringen, erste Schritte hin zu einer eigenen Raumstation. China will auch bis 2012 unbemannt auf dem Mond landen und 2014 sogar Proben von der Mondoberfläche zur Erde bringen.

China ist eine solche Entwicklung natürlich äußerst wünschenswert (wenn sie nicht zu sehr auf Kosten der Umwelt geht). Ich wünschte mir aber, dass auch unser Kontinent aktiv an der Zukunft mitarbeitet, und zwar in einer Hauptrolle!

Sollte uns der Aufbruch in eine anregende Zukunft, in eine Phase voller neuer Erkenntnisse und Erfindungen nicht einen etwas größeren Einsatz als den Gegenwert von zwei Päckchen Zigaretten pro Jahr wert sein?

Raumfahrt ist eine Investition in die Zukunft

Ich weiß, eine derartige Forderung so vorgetragen klingt ziemlich plump – und für all jene, die auf Staats- oder EU-Beiträge angewiesen sind, sogar zynisch. Ich werde im nächsten Kapitel darlegen, was uns ein starkes Raumflugprogramm bringen kann und weshalb ich der Meinung bin, ein solches Programm könnte uns aus der gegenwärtigen Stagnation reißen und so der ganzen Gesellschaft nützen. Selbst mit einer Verdoppelung der Aufwendungen für die Raumforschung gäben wir immer noch viel weniger aus als andere, wären aber wirklich dabei und hätten Zugang zu den Schlüsseltechnologien, was heute nur teilweise der Fall ist. Ein wirklich starkes Raumprogramm würde uns nicht „nur" einen Platz unter den Großen der Welt sichern, sondern es wäre eine Investition in eine starke Zukunft Europas.

An Ideen und den technischen Fähigkeiten fehlt es der ESA nicht. Die ESA hat große Pläne, es liegt an uns allen, ob sie diese umsetzen kann!

Auch private Firmen drängen ins All: *SpaceShipOne* war das erste private Raumschiff, dem zweimal kurz nacheinander (29. September und 4. Oktober 2004) ein Flug an die Grenzen des Weltalls gelang. Der Flugkörper ist auf dem Bild unter dem Trägerflugzeug *White Knight* zu erkennen. Wie völlig anders als die mächtigen und brutal kraftvollen Startvehikel der staatlichen Raumfahrtagenturen sieht doch diese feingliedrige, fast an ein Segelflugzeug erinnernde Konstruktion des Flugingenieurs Burt Rutan und seiner Firma Scaled Composites aus! Mit den beiden Flügen gewann das Team den Ansari-X-Prize von 10 Millionen US-Dollar.
Jetzt ist das Rennen für die erste Erdumkreisung eines privat gebauten Raumschiffes eröffnet, den America's Space Prize. Die Preissumme beträgt dieses Mal 50 Millionen US-Dollar. Die Bedingungen sind ungleich schwieriger zu erfüllen als beim Ansari-X-Prize, und ein Erfolg wird nur mit einem viel massiveren und kräftigeren Transporter möglich sein: Der Flugkörper muss z.B. fünf Personen auf minimal 400 km Höhe transportieren, zwei Erdumkreisungen durchführen und zu 80 Prozent wieder verwendbar sein; Zeitlimit: 10. Januar 2010. Der Wettbewerber muss seinen Wohnsitz in den USA haben.

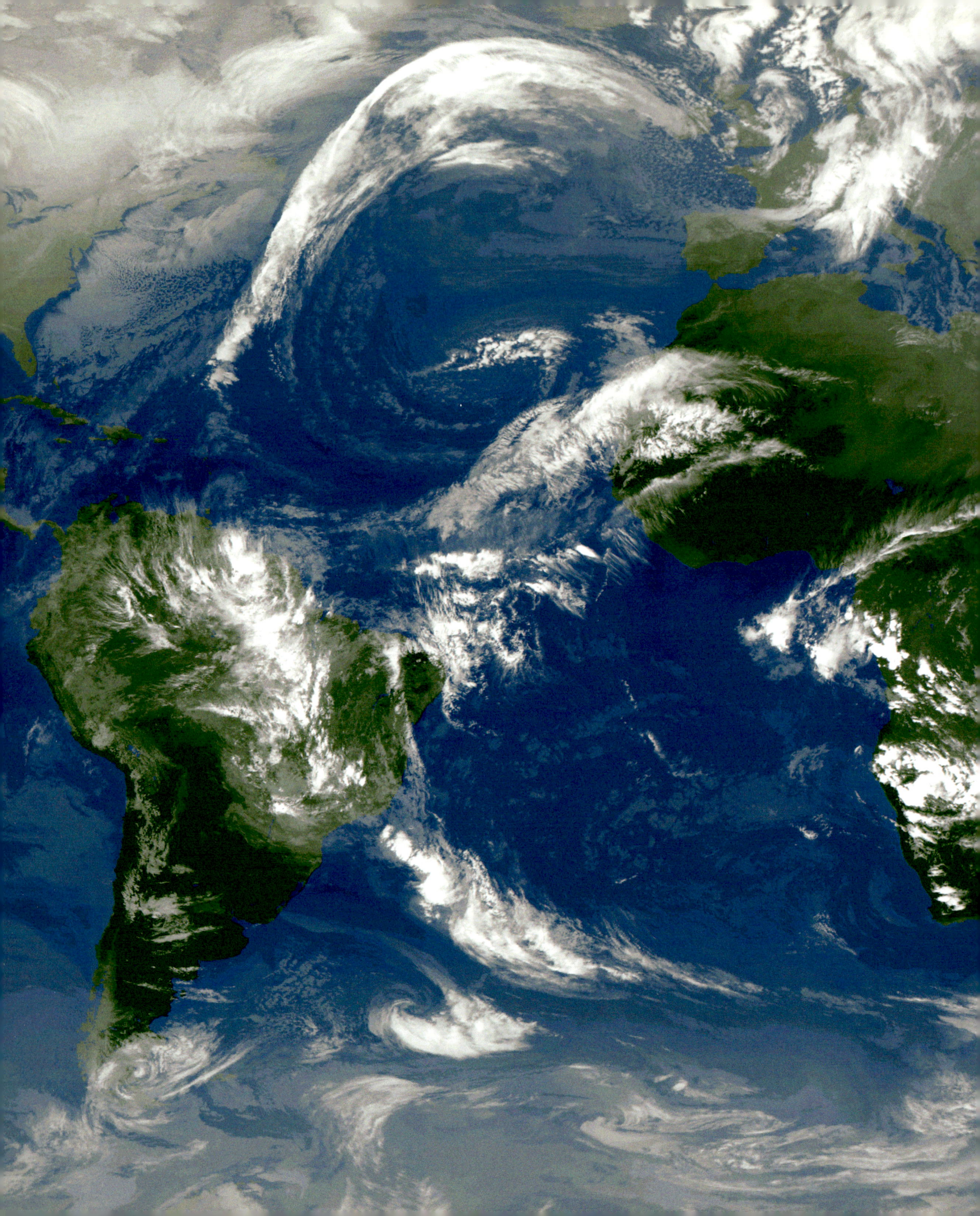

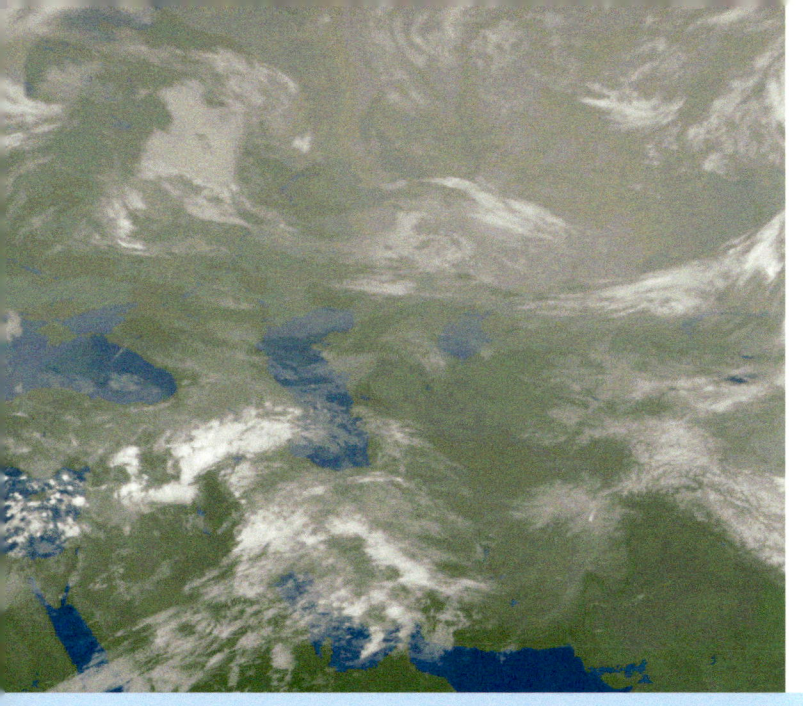

Raumfahrt im „All-Tag"

Im ganzen Leben kommt es darauf an,
Fragen zu stellen, und nicht darauf,
Antworten zu wissen.

ALLIE IN STEVEN SPIELBERGS
„TAKEN", FOLGE 10

Wie spannend kann es doch sein, das Verhalten von Tieren zu beobachten. Ganz speziell, wenn es sich um Säuger handelt, erleben wir alle auch im Alltag immer wieder, wie interessiert diese Tiere ihre Umgebung wahrnehmen und untersuchen. Das können scheinbar ganz einfache Verhaltensweisen sein. Es genügt zum Beispiel, wenn ich vor einer unserer Katzen den Teppichrand leicht anhebe. Schon greift sie darunter, angelt mit ihrer Tatze nach etwas, das möglicherweise vor ihren Augen verborgen unter dem guten Stück aus Persien liegt. Ein unbekannter Gegenstand auf dem Wohnzimmerboden wird zuerst vorsichtig beschnuppert, dann sanft angestoßen und je nach Resultat der Untersuchung entweder als Spielobjekt, als fressbare Leckerei oder als uninteressant behandelt. Menschenaffen gehen sogar so weit, dass sie für ihre Zwecke Werkzeuge einsetzen, etwa um Termiten aus ihrem Bau zu angeln.

Das Erkunden der Umwelt gehört mit Sicherheit zu den normalen Verhaltensweisen bei unseren näheren Verwandten im Tierreich. Unsere Neugier gegenüber der Umwelt ist ganz offensichtlich Teil des stammesgeschichtlichen Erbes und als solche tief in uns verwurzelt. Das Ausmaß unseres Erkundungsdrangs geht allerdings weit über alles hinaus, was wir bei anderen Tieren beobachten können, und ist mit großer Wahrscheinlichkeit eine der entscheidenden Eigenschaften, die unsere Art von ihrer Verwandtschaft unterscheidet.

Eine wunderbare Ansicht der Erde aus dem Weltall. Nur aus dieser Perspektive können wir das Zusammenwirken der globalen Wettersysteme beobachten. Das Mosaik setzt sich zusammen aus Aufnahmen mehrerer Wettersatelliten.

Menschen versuchen die Umwelt zu verstehen

Es gibt auf unserem Planeten ganz einfach keine andere Art, die einen derart starken Entdeckerdrang weit über die Alltagsbedürfnisse hinaus entwickelt wie wir. Menschen können oft ein Leben lang versuchen, eine in der Natur gemachte Beobachtung zu verstehen, die Hintergründe aufzudecken, Naturgesetze zu erforschen, Ideen zu entwickeln und diese mit immer raffinierteren Methoden zu testen. Menschen geben sich mit oberflächlichen Erklärungen, die für Alltagzwecke genügen mögen, nicht zufrieden und lassen sich nicht einmal dann in ihrer Suche nach Wahrheit bremsen, wenn die Antworten auf ihre Fragen den herrschenden politischen oder religiösen Meinungen widersprechen.

Begonnen hat alles ganz ähnlich wie bei allen anderen Arten von Lebewesen auch, mit der Notwendigkeit nämlich, in einer lebensbedrohlichen Umwelt zu überleben. Unser Körper ist für diese Aufgabe eigentlich nicht besonders gut vorbereitet. Unsere Haut z. B. ist extrem dünn und sehr verletzlich. Unsere Beine ermöglichen uns zwar den aufrechten Gang und befreien die Arme von den Mühen der Fortbewegung. Dafür sind wir aber auf der Flucht oder auf der Jagd deutlich langsamer als viele

Diese Aufnahme des Weltraumteleskops *Hubble* zeigt einen Himmelsausschnitt, in welchem fast alle leuchtenden Objekte ferne Milchstraßensysteme sind. Jeder der verwaschenen Flecken oder Lichtpunkte stellt ein Sternensystem mit oft Hunderten von Milliarden Sonnen und wohl auch ihren Planeten dar.

andere größere Tiere. Wir haben Hände, die sich heute hervorragend für allerfeinste Arbeiten eignen, damals in den Savannen Ostafrikas aber völlig ungeeignet waren, um Beute zu schlagen oder auch nur Fleischstücke aus der Strecke anderer Jäger zu reißen.

Ein ganz besonderes Merkmal aber hatten schon unsere frühesten Vorfahren: Ein großes Gehirn, das ihnen über die Einschränkungen der Natur hinweg half und ihnen die Herstellung von Werkzeugen erlaubte. Erste, noch sehr grob behauene Steine ermöglichten es ihnen, rasch einige Happen aus einem toten Tier zu schneiden, noch bevor ihnen Hyänen den Platz am Aas streitig machen konnten. Mehr Fleisch in der Nahrung erlaubte ein weiteres Größenwachstum des Gehirns und damit vermutlich eine weitere Steigerung der Intelligenz. Ein klassischer Rückkopplungsprozess setzte ein, der zu einer immer sichereren Nahrungsversorgung führte. Ein ständig größer werdendes Hirn führte wiederum zu einer noch feineren Beobachtung der Umwelt. Der heutige Mensch ist das vorläufige Produkt dieses sich nach dem Ende der letzten Eiszeit enorm beschleunigenden Prozesses. Damals kam die Landwirtschaft auf, die Steinwerkzeuge wurden durch Bronze- und später Eisenwerkzeuge abgelöst und erste größere Siedlungen gegründet.

Die neuen Methoden erwiesen sich als derart effizient, dass die ersten Siedlungen rasch wuchsen und nicht mehr alle Bewohner für den Nahrungserwerb arbeiten mussten. Die Spezialisierung setzte ein, neue Berufe entstanden, die sich ganz auf die Herstellung noch besserer Werkzeuge konzentrierten, Handel nötig machten und zur Einführung von Verwaltungen, Steuern, Schrift, Rechnen und der Weitergabe des Wissens an die künftigen Generationen zwangen.

Der erste Marsrover, *Sojourner*, hat seine Landeplattform verlassen und beginnt die Untersuchung eines Steins, der von den Wissenschaftlern „Yogi" getauft worden ist. *Sojourner* hält sein High-Tech-Instrument wie eine verlängerte Nase der Menschen auf der Erde an den Stein. Die Analyse zeigt, dieser Stein entspricht in seiner Zusammensetzung gewöhnlichem Basalt, wie wir ihn von der Erde kennen. Andere Steine, die an anderen Landeorten gefunden wurden, enthalten klare Anzeichen von Veränderungen durch Wasser.

Forschung erleichtert das Leben im Alltag

Und dann die industrielle Revolution im 18. und 19. Jahrhundert. Nach Jahrhunderten kriegerischer Auseinandersetzungen, verheerender Seuchen, harten Witterungsbedingungen und der Unterdrückung des freien Denkens durch die Religionsgemeinschaften kommt es in Europa zu einem schwungvollen Aufbruch in ein neues Zeitalter. Die Kombination aus den Möglichkeiten des Rades, der Kraft des Dampfes und der Organisationsfähigkeit des Menschen verbilligte die Arbeit schlagartig und schleuderten massenhaft völlig neue Produkte auf einen rasch wachsenden Markt. Die Länder des westlichen Kulturkreises nutzten ihre militärische Überlegenheit brutal aus und entzogen ihren Kolonien die gewaltigen Mengen benötigter Rohstoffe. Die laufend komplexer werdenden Anforderungen verlangten nach Schulbildung für alle, was wiederum immer mehr Menschen den Zugang zur Erforschung ihrer Umwelt öffnete. Die Naturwissenschaften begannen ihren Aufstieg, und das Wissen der Menschheit explodierte förmlich.

Wir verdanken den Erfolg unserer Art also ganz wesentlich unserer Fähigkeit und dem Drang, die Umwelt zu erforschen und zu nutzen. Die Erkundung des Weltalls ist nur die konsequente Weiterführung eines uralten Unternehmens, das seine Wurzeln tief in der Natur des Menschen hat, von dem unsere Art aber auch abhängig geworden ist! Denn je besser es uns ging, desto mehr von uns haben überlebt. Damit wuchsen die Ansprüche an den Lebensraum, der immer intensiver genutzt werden musste, um die ständig wachsende Bevölkerung zu versorgen.

Dieser Prozess ist auch heute noch genauso mächtig wie vor Tausenden von Jahren. Auch unsere Gesellschaften müssen ihre Grundbedürfnisse an Rohstoffen, Energie und Nahrung decken, um ihren Lebensstil halten zu können. Und weil

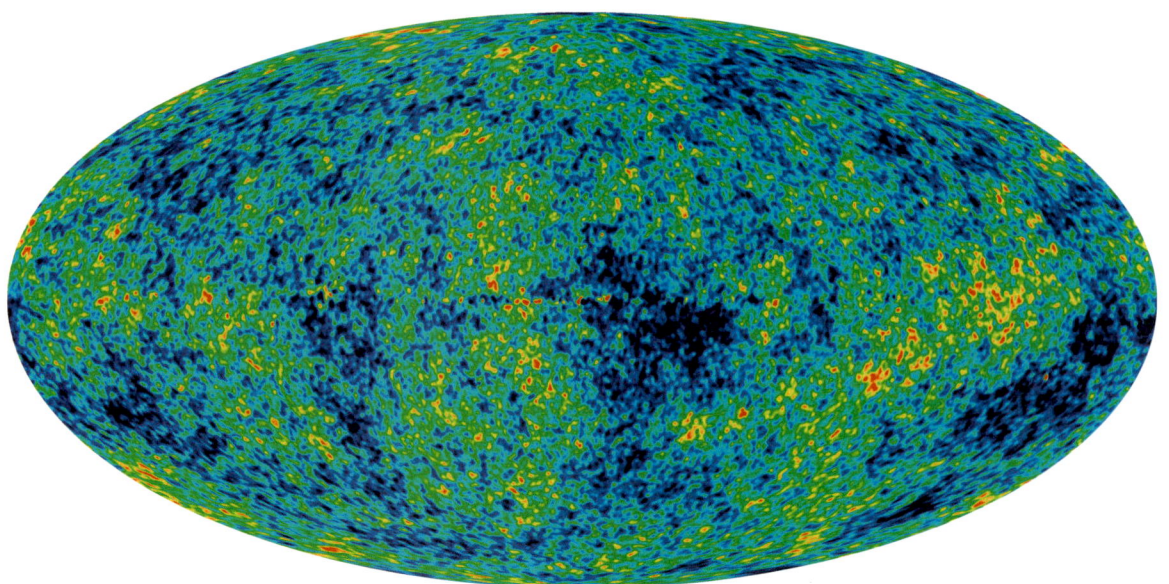

Die menschliche Neugier lässt die Forscher mit extrem empfindlichen Messgeräten sogar an den Anfang aller Dinge vorstoßen. Diese Abbildung zeigt die feinen Temperaturunterschiede, die etwa 300 000 Jahre nach dem Urknall im damaligen Babyuniversum herrschten. Rot bedeutet wärmer, blau kälter als die Durchschnittstemperatur. Anhand dieser extrem genauen Temperaturmessung sind Rückschlüsse auf die Vorgänge bis zurück in die erste Trillionstel Sekunde nach der Geburt des Weltalls möglich. Dank dieser Daten wissen wir heute auch, dass sich die ersten Sterne etwa 400 Millionen Jahre nach dem Urknall bildeten und nur etwa 4 Prozent des Universum aus den uns bekannten Atomen besteht. Den Rest bilden „dunkle Materie", die kein Licht aussendet oder zurück wirft und deshalb nicht direkt beobachtet werden kann, und „dunkle Energie", eine Art Antigravitation, die das Universum immer schneller aufbläht. Die Daten stammen von einer der erfolgreichsten wissenschaftlichen Missionen, der *„Wilkinson Microwave Anisotropy Probe (WMAP)".*

Diese Auswertung der WMAP-Daten und der Resultate weiterer Missionen zeigt so etwas wie den Nachhall des Urknalls, eine langsam ausschwingende Kurve. Auf der x-Achse ist die Größe (Winkelausdehnung) und auf der y-Achse ein Maß für die Helligkeit der farbigen Flecken (Bild Seite 78) aufgetragen. Die Linie zeigt die nach einigen Theorien zu erwartende Verteilung, die Punkte und Balken die Messresultate der verschiedenen Messsonden. Da nach rechts immer feinere Unterschiede vermessen werden, sind die Daten dort ungenauer, decken sich aber bemerkenswert gut mit den erwarteten Werten.

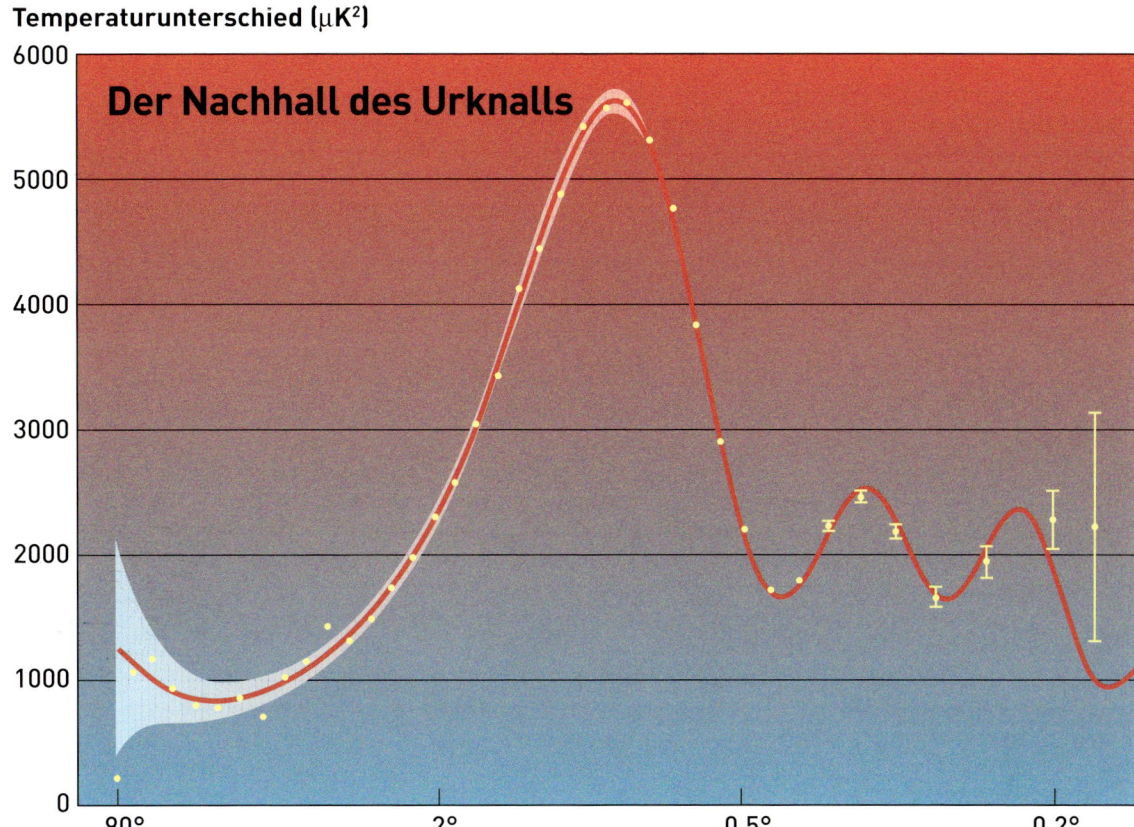

Temperaturunterschied (μK²)

Der Nachhall des Urknalls

Winkelausdehnung

Europa und Nordamerika längst auf Importe aus anderen Weltgegenden angewiesen sind, müssen uns Dienstleistungen und hoch entwickelte technologische Produkte den Zugang zum Weltmarkt öffnen. Was nicht einfach ist, weil die Konkurrenz natürlich nicht schläft.

Im Gegenteil: Nach Jahrhunderten der Dominanz Europas und Amerikas haben die Volkswirtschaften Asiens nicht nur technisch mächtig aufgeholt und massiv in die Ausbildung ihrer Jugend investiert: Ihre Arbeitskräfte produzieren noch immer zu Löhnen und unter Bedingungen, die bei uns vor hundert Jahren aktuell waren. Bezeichnenderweise haben diese Länder auch begonnen, ihre Anstrengungen in allen zukunftsträchtigen High-Tech-Bereichen zu verstärken, ganz besonders auch in der Raumfahrt, weil sie erkannt haben, dass dies keineswegs nur Prestigeprojekte sind.

Weltraumfahrt kann einer Region nämlich die nötigen Impulse für eine offene, in die Zukunft orientierte Grundstimmung vermitteln. Gerade die bemannte Raumfahrt ist ein ganz wesentlicher Antrieb für Forschung und Entwicklung, weil sie nach den bestmöglich ausgebildeten Handwerkern, Technikern, Ingenieuren und Wissenschaftlern verlangt.

Sicher, auch andere große und kleinere Unternehmungen leben von den gleichen Voraussetzungen. Es gibt aber einen ganz wesentlichen Unterschied zwischen den meisten von ihnen und der Weltraumfahrt: Die Erforschung des Unbekannten, der Planeten des Sonnensystems, ihrer Monde und der scheinbar leeren Räume zwischen ihnen, der Aufbruch zu uns unbekannten, fernen Welten, die noch nie von Menschen betreten worden sind, können uns und unsere Jugend in einem Maße faszinieren und begeistern wie kaum ein anderes Projekt. Solche Expeditionen entsprechen voll und ganz unserem tief vererbten Drang, Neues zu erkunden und die Welt, in der wir leben, zu verstehen.

Die Astronauten von *Apollo 17*, der bisher letzten Mission zum Mond, untersuchen einen großen Felsen im Taurus-Littrow-Gebiet, am östlichen Rand des Meeres der Heiterkeit (Mare Serenitatis). Der „Split Rock" oder auch „Tracy's Rock" muss vor Äonen von den Hängen der benachbarten Hügel herunter gerollt und am Ende seines Wegs auseinander gebrochen sein. Links im Bild ist der erste Wissenschaftler, der einen anderen Himmelskörper besuchen konnte, bei seiner Arbeit zu sehen. Der Geologe und Pilot Dr. Harrison „Jack" Schmitt bewies während seines Aufenthaltes ganz eindrücklich, wie viel effizienter, flexibler, schneller und zielbewusster ein Mensch im Vergleich zu einem Roboter vor Ort die aufschlussreichsten Objekte finden und untersuchen kann. Der Mission *Apollo 17* gelangen entscheidende Beobachtungen über die Herkunft und die Geschichte des Mondes. Solche Reisen nach fernen Zielen haben unser Weltbild ganz enorm bereichert und entwickelt.
Rechts neben der Spitze des „Split Rock", gerade oberhalb des Endes des hellen Streifens ist als winziger Punkt die Landefähre „*Challenger*" erkennbar.

Raumfahrt fasziniert und begeistert

Ein phantastisch detaillierter Blick in den Tarantelnebel, eine durch Sternexplosionen zerrissene, mit feinen, „spinnwebartigen" Gas- und Staubwolken durchzogene Region in unserer Begleitgalaxie, der Großen Magellanschen Wolke. Das im Weltall hoch über der Erde platzierte *Spitzer*-Weltraumteleskop kann mit seiner Kamera für unser Auge unsichtbares infrarotes Licht empfangen und so durch einen Teil der Staubwolken hindurch „sehen". Der hier abgebildete zentrale Teil enthält eine große Anzahl blauer, sehr junger, riesiger und enorm lichtstarker Sterne, von denen einige die Masse unserer Sonne bis zu 100-mal übertreffen und mindestens das 100 000-fache ihrer Leuchtkraft besitzen. Solche extrem massereichen Sterne haben eine für kosmische Verhältnisse nur sehr kurze Lebenserwartung. Die Aufnahme zeigt auf dramatische Weise Geburt, Leben und Tod von Sternen.

Ich bin zutiefst überzeugt, dass es uns in Europa gegenwärtig ganz gewaltig an einem solchen, Aufbruchstimmung auslösenden Unternehmen fehlt. Ich habe den Eindruck, wir würden uns zu sehr auf den Lorbeeren der eigenen Geschichte ausruhen und uns viel zu stark auf die Verwaltung unserer Vergangenheit beschränken. Die in unserer Bevölkerung weit verbreitete Skepsis gegenüber technischen Entwicklungen, der immense Erfolg der Esoterik, die Ausbreitung fundamentalistischer Strömungen, sowie die Konsum- und Null-Bock-Stimmung bei zu vielen Jugendlichen sind nach meinem Empfinden schlechte Voraussetzungen für eine erfolgreiche Zukunft des alten Kontinents.

Ein faszinierendes Großprojekt, möglichst in Zusammenarbeit mit anderen Völkern, könnte uns neue Perspektiven öffnen und uns alle zu Teilnehmern an dem so erfüllenden menschlichen Abenteuer der Forschung und Entdeckung machen. Es böte uns die Möglichkeit, eine sinnvolle Herausforderung anzunehmen und faszinierende, langfristige Ziele zu formulieren.

Wenn wir im Bereich der Raumfahrt mit der Weltspitze mitarbeiten wollen, brauchen wir ganz dringend Zugang zu den Technologien für bemannte Missionen. Ganz einfach deswegen, weil wir bisher wegen der amerikanischen und auch russischen Geheimniskrämerei von zahlreichen Schlüsseltechnologien der bemannten Raumfahrt ausgeschlossen und in unserer Entwicklung von diesen Staaten abhängig waren. Sollte z. B. in Amerika ein neuer Stimmungsumschwung die angelaufenen Projekte

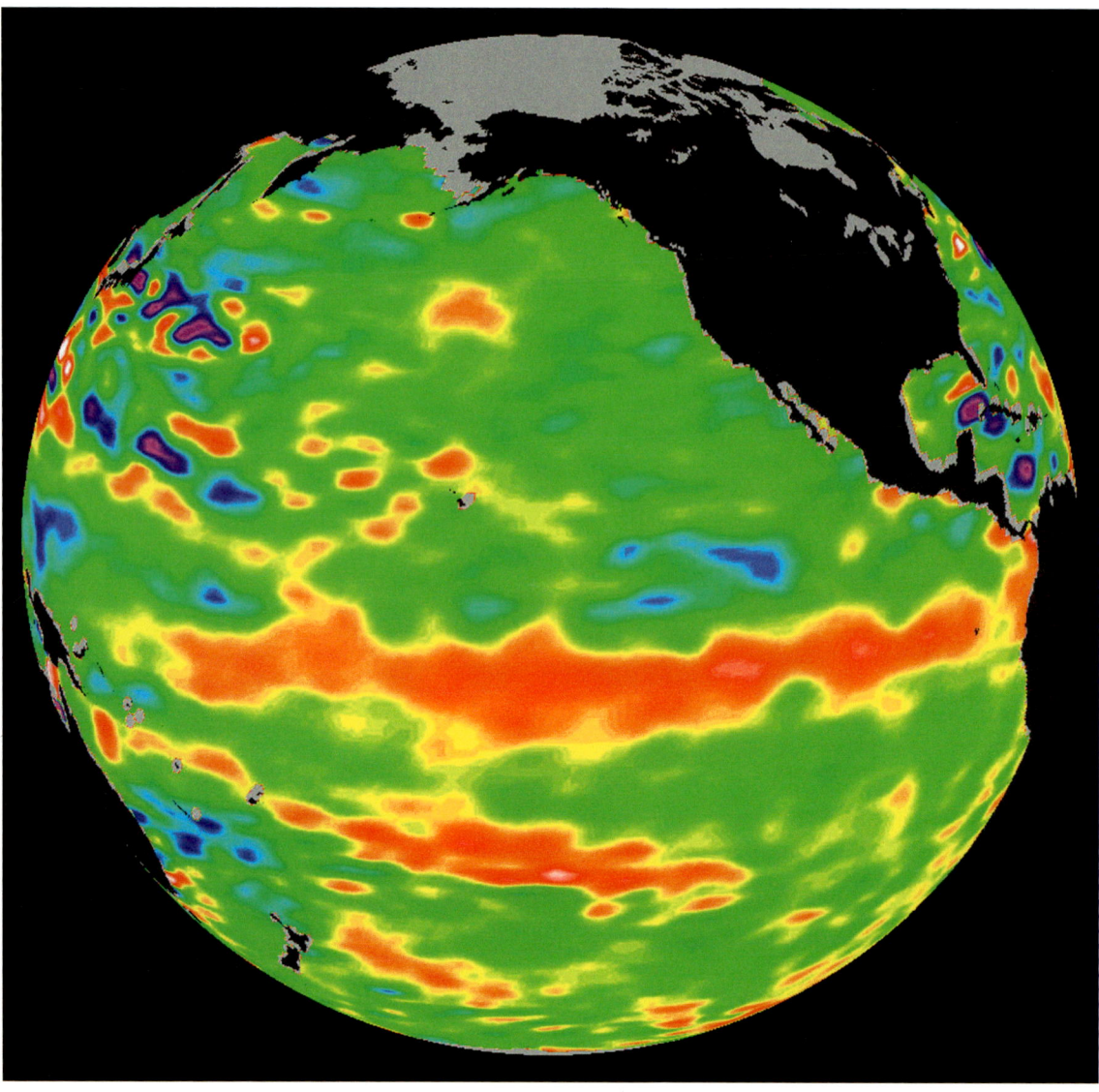

gleich wieder in den Startlöchern stoppen, so stünde Europa mit leeren Händen da. Wir brauchen also mehr als die vage Zusicherung der Amerikaner, „mit anderen Staaten zusammenzuarbeiten"!

Und vergessen wir nicht, ein solches Projekt ist durchaus erschwinglich und für unsere Volkswirtschaften keineswegs ruinös! Ganz im Gegenteil: Mit Raumfahrt lässt sich ganz hübsch Geld verdienen. Denken wir nur an die Wetterbeobachtung, die Satelliten für die Telekommunikation und Erderkundung nach neuen Rohstoffquellen und das GPS. Schon 1996 lag der Gewinn aus den verschiedenen kommerziellen Anwendungen der Raumfahrt weltweit erstmals klar über den öffentlichen Ausgaben für Weltraumprojekte!

Was wäre erst an finanziellem Gewinn möglich, wenn es uns gelänge, Rohstoffe und Energie aus dem Weltall in großem Stil zu nutzen und wirtschaftlich einzusetzen? Oder wenn das erdnahe Weltall touristisch erschlossen werden könnte?

Länder, die mit eigenen Raketen den Weltraum erreicht haben.

Land	Datum Erststart	Rakete	Nutzlast	Startplatz
Sowjetunion	4. Oktober 1957	Wostok	Sputnik1	Baikonur
USA	31. Januar 1958	Jupiter C	Explorer 1	Cape Canaveral
Frankreich	26. November 1965	Diamant A	Asterix	Hammaguir (Alg)
Japan	11. Februar 1970	Lambda 4S-5	Ohsumi	Kagoshima
China	24. April 1970	CZ-1	Dong Fang Hong 1	Jiuquan
Großbritannien	28. Oktober 1971	Black Arrow R-3	Black Knight 1	Woomera (AUS)
Europa	24. Dezember 1979	Ariane 1	CAT	Kourou (F Guyana)
Indien	18. Juli 1980	SLV-3	Rohini RS-1	Sriharikota
Israel	19. September 1988	Shavit	Ofeq 1	Palmachim
Irak	5. Dezember 1989	Kein Name	3. Stufe	Al-Anbar

Der internationale Flughafen von München in einer Aufnahme der Astronauten an Bord der *ISS (Expedition 13)*. Obwohl das Bild von Hand geschossen worden ist, sind sogar die Flugzeuge vor den Terminals zu erkennen. Derartige Aufnahmen liefern wertvolle Planungsgrundlagen für die weitere Entwicklung eines Gebietes.

Der Hurrikan Katrina am 29. August 2005. Zu diesem Zeitpunkt hatte sich der Sturm von Kategorie 4 auf Kategorie 3 abgeschwächt, traf aber die Küste in der Umgebung der Stadt New Orleans mit voller Wucht. Es wurden Windgeschwindigkeiten bis zu 205 km/h gemessen! Als verheerend erwiesen sich auch die gewaltigen Niederschlagsmengen, die innerhalb kurzer Zeit auf die Golfküste niedergingen. Zweifellos wären die Anzahl Tote und die Schäden noch weitaus größer gewesen, hätten nicht viele Menschen dank der Vorwarnung durch die Wetterbeobachtung aus dem Weltall rechtzeitig vor dem Sturm flüchten und/oder ihren Besitz sichern können!

Während in Europa solche Ideen in der Regel als pure Sciencefiction oder als Hirngespinste weltfremder Fantasten abgetan werden, machen sich die NASA und die Raumfahrtagenturen der östlichen Länder ernsthaft Gedanken, wie sie die Rohstoff- und Energieprobleme der Zukunft auf eine völlig neue Basis stellen könnten, und private Kleinfirmen werden bereits in den nächsten Jahren kurze Ausflüge an den Rand des Weltalls für jedermann anbieten!

In ihrem Poster „Warum zum Mond?" vom Dezember 2006 listet die NASA sechs Hauptgründe für ihr neues Großprojekt auf. Neben der Forschung und Entwicklung betreffen zwei davon die Ausdehnung der menschlichen Zivilisation und der Wirtschaftssphäre ins Weltall. Ziel: Die Ökonomie auf der Erde soll von neuen Rohstoffquellen profitieren und durch weiteren wirtschaftlichen Aufschwung allen Erdbewohnern (allen voran wohl den eigenen Bürgern) dienen. Die Verantwortlichen der NASA nutzen hier natürlich die sich immer klarer abzeichnende Rohstoffknappheit für ihre Zwecke. Tatsächlich dürften bereits im 21. Jahrhundert einige für unsere Wirtschaft dringend benötigte Erze so knapp werden, dass ihr Abbau auf fernen Himmelskörpern nicht mehr ganz unbezahlbar erschiene. Wer jetzt schon die nötigen Technologien entwickelt, testet und zur Einsatzreife bringt, wird im sich abzeichnenden Rennen um die Rohstoffe natürlich die Nase ziemlich deutlich vorne tragen. Auch zur Sicherung der Energieversorgung könnte es sich lohnen, das Weltall in die Überlegungen einzubeziehen. Gelänge es uns auch „nur" schon, ein Tausendstel der die Erde erreichenden Sonnenenergie durch neue Methoden zu nutzen, wäre dies etwa das Zehnfache der Energie, die wir heute einsetzen.

Start der indischen Satelliten *CARTOSAT-1* und *HAMSAT* mit einer *PSLV-C6*-Rakete am 5. Mai 2005 vom Satish Dhawan Space Centre (SDSC) SHAR, Sriharikota. Indien verfügt mit dieser Rakete über ein leistungsfähiges und zuverlässiges Startvehikel.

CARTOSAT-1 wog 1,5 t und war für die Landvermessung ausgerüstet. Mit derartigen Missionen für die Fernerkundung lassen sich die Ländereien besser managen und damit größere Gewinne erzielen. Der Minisatellit *HAMSAT* diente den Radioamateuren als Relaisstation mit dem klaren Ziel, die Bevölkerung für die Anliegen der Raumfahrt zu gewinnen.

Investitionen in die Raumfahrt sind nachhaltig

Wenn wir zudem noch berücksichtigen, in wie wenig zukunftsträchtige Projekte die westlichen Staaten in den vergangenen Jahren Steuergelder „investierten", so wirken die Ausgaben für die Raumfahrt geradezu bescheiden. Allein die USA dürften für den fragwürdigen Krieg im Irak bisher weit über 500 Milliarden Dollar ausgegeben haben, mit dem „Erfolg", dass die Terrorgefahr nur größer geworden ist. Wie viel nachhaltiger und um wie vieles weniger bedrohlich für andere Gesellschaften wäre da doch ein inspirierendes, ziviles Projekt, das zudem große Investitionen in die Bildung und Forschung auslöst?

Keine reine Sciencefiction, sondern Projektskizze der NASA! Ein Raumschiff nähert sich einem Asteroiden in Erdnähe und beginnt, Mineralstoffe für die rohstoffhungrige Wirtschaft auf der Erde einzusammeln!

Japan betreibt ein sehr intensives Raumflugprogramm und möchte bis zum Jahr 2025 zu einer der führenden Raumfahrtnationen werden. Interessant ist zu lesen, weshalb der Inselstaat diese Anstrengung unternimmt! Grund 1 in der „Vision 2025" Japans ist es, dank der Raumfahrt eine sichere und wirtschaftlich erfolgreiche Gesellschaft zu werden. Die Raumfahrtindustrie soll deshalb (Grund 4) zu Japans Schlüsseltechnologie des 21. Jahrhunderts werden.
Die Fotografie zeigt den erfolgreichen Start einer *M-V* Rakete (*M-V-7*) am 23. September 2006 auf dem Abschussgelände im Uchinoura Space Center mit dem *SOLAR*-B-Satelliten an der Spitze. Der 900 kg schwere Satellit ist bereits der 22. Forschungssatellit Japans und wird die Natur der extrem heißen Sonnenkorona untersuchen, das Magnetfeld der Sonne genauer beobachten und die Entstehung von „Flares", den energiereichen Materieausbrüchen, verfolgen.

Neben den gesellschaftspolitischen und wirtschaftlichen Antrieben für den Vorstoß ins Weltall gibt uns aber auch die Erde selbst eine ganze Reihe von Gründen, Raumfahrt zu betreiben. Die Beobachtung der Erde aus dem Weltall ist heute schon unverzichtbar geworden, wenn es z. B. darum geht, die Folgen von Unwettern durch rechtzeitige Warnung der Bevölkerung zu mildern und die Veränderungen in der Atmosphäre, in den Weltmeeren oder den polaren Eiskappen genau zu verfolgen und die Hintergründe zu erforschen. Die Satellitenbilder aus der Erdumlaufbahn sind ganz wesentlich dafür verantwortlich, dass sich die Bereitschaft der Menschheit zum Handeln, z. B. gegen die dramatischen Veränderungen in der Erdatmosphäre, zunehmend vergrößert.

Dies ist keineswegs eine schönfärberische Utopie. Als Ende der 1970er Jahre klar wurde, dass die Ozonschicht hoch über der Antarktis Jahr für Jahr in katastrophaler Weise zusammenbricht und damit die enorm krebsauslösende UV-Strahlung fast ungefiltert die Oberfläche erreicht, erfolgte die Reaktion relativ schnell. Die Forscher konnten in wenigen Jahren den Grund für das Phänomen eindeutig feststellen. Es sind die vom Menschen in die Luft entlassenen Fluor-Chlor-Kohlenwasserstoffe, z. B. als Kühlmittel in Kühlschränken eingesetzt, die über den Polgebieten chemisch umgewandelt werden und das Ozon zerstören. Der Fall löste sofort einen riesigen Medienrummel aus und führte zum Verbot der FCKWs, die sich nun in den nächsten 40 bis 50 Jahren langsam abbauen werden.

Im Vergleich zum zweiten großen Problem unserer Atmosphäre, dem rasend rasch steigenden CO_2-Gehalt, waren die Maßnahmen gegen den Ozonabbau relativ einfach erkenn- und durchsetzbar. Die Macht der Bilder aus dem Weltall beginnt aber auch hier der Bevölkerung das Ausmaß des Problems buchstäblich vor Augen zu führen und den Boden für griffige Maßnahmen vorzubereiten – zumindest langsam!

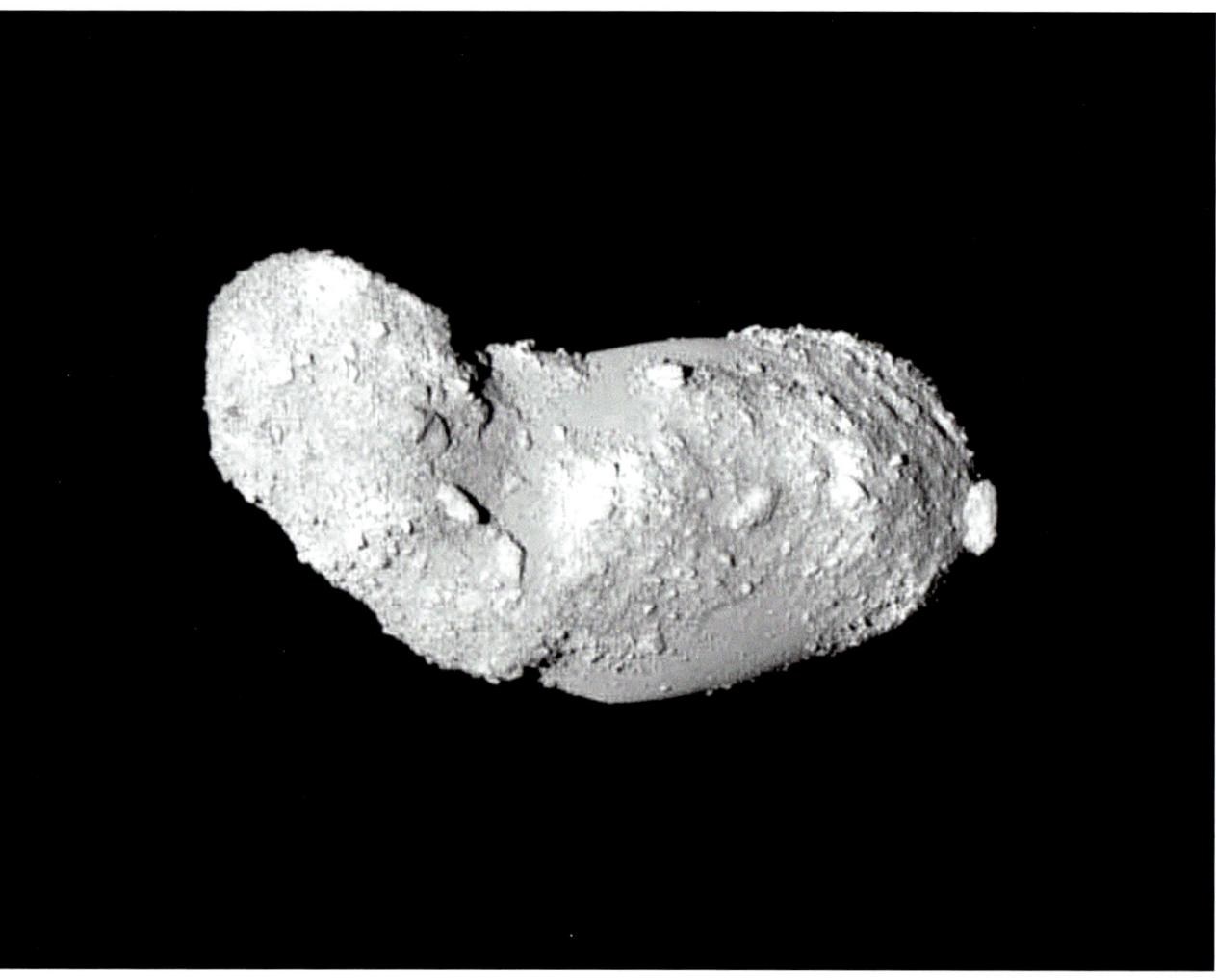

Einer der größten Erfolge der japanischen Raumfahrt brachte das äußerst ehrgeizige Projekt *Hayabusa* mit einer weichen Landung auf dem Asteroiden Itokawa am 26. November 2005. Offenbar gelang es sogar in einem extrem schwierigen Manöver eine Bodenprobe aufzunehmen und die Sonde wieder Richtung Erde zu starten! Ob *Hayabusa* allerdings auf der Erde wird landen können ist sehr unsicher, da der Flugkörper beim Landemanöver ernsthaft beschädigt worden ist.

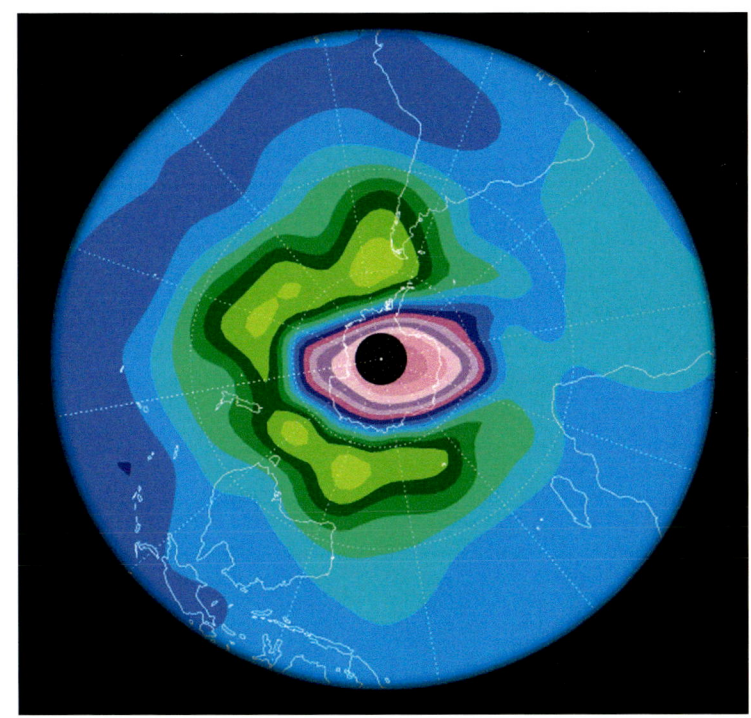

Das antarktische Ozonloch am 14. Oktober 2006.
Auch in diesem Jahr entwickelte sich wieder ein sehr ausgeprägtes Ozonloch. Im Zentrum (schwarzer Kreis) unterschreitet die Ozonmenge sogar den Messbereich des Satelliteninstrumentes. Ozonmessung durch den Wettersatelliten *NOAA-17* der NASA.

Eigentlich wäre Eile zur Lösung des CO_2-Problems dringend nötig, die Abkehr von der Energiegewinnung durch Verbrennen fossiler Brennstoffe ist aber nicht einfach. Wir sind in der Zwischenzeit so effizient beim Verfeuern von Kohle, Erdöl und Erdgas, dass knapp 7 Gigatonnen CO_2-Gas pro Jahr in die Lufthülle des Planeten entweichen und sich dort ansammeln. Eine unvorstellbare Menge! Sieben Milliarden Tonnen von einem Stoff, der als Gas doch eigentlich fast gar nichts

Die jährlichen Messungen des CO_2-Gehaltes der Atmosphäre auf einem Vulkangipfel auf Hawaii zeigen die dramatische Zunahme des Treibhausgases in den letzten 45 Jahren. Die jährliche Schwankung erklärt sich durch die CO_2-Aufnahme der Landpflanzen. Da sich auf der Nordhalbkugel die größeren Landmassen befinden, wirkt sich der Frühling in unseren Breitengraden stärker aus als jener auf der Südhalbkugel.

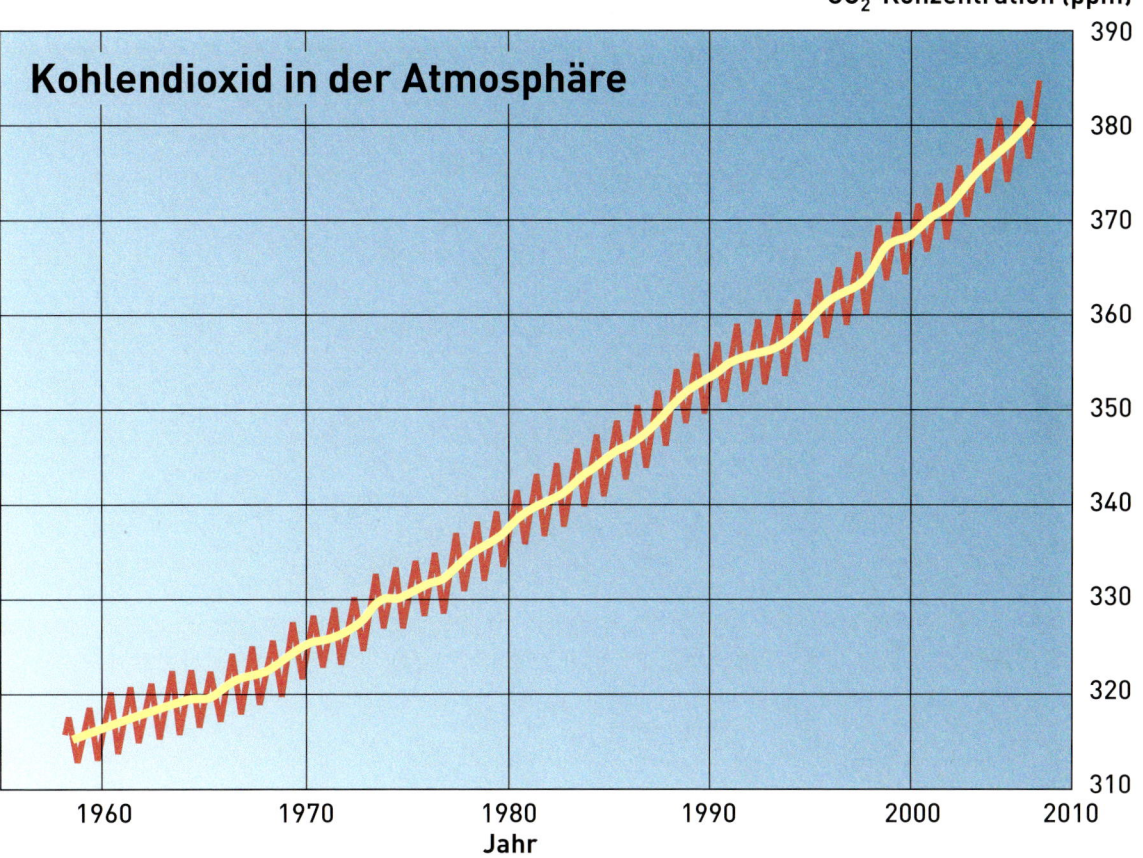

CO₂-Konzentration (ppm)

Kohlendioxid in der Atmosphäre

Jahr

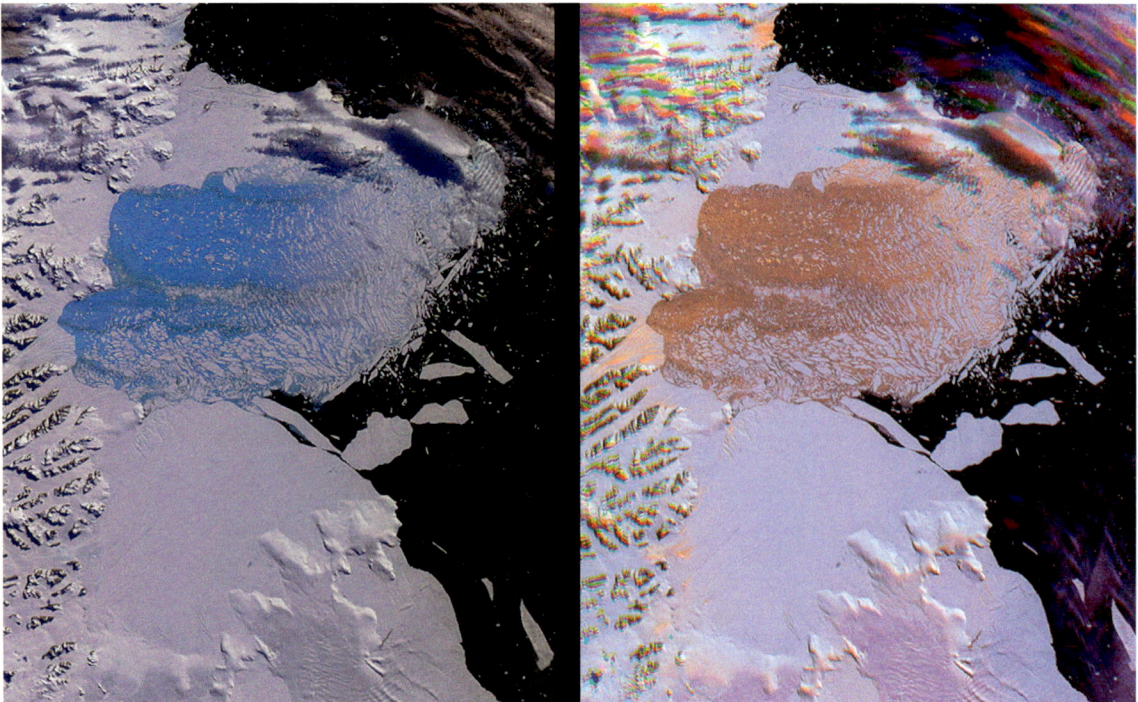

Am 7. März 2002 waren die Folgen des raschen Zusammenbruchs des riesigen LARSEN-B-Eisfeldes an der Antarktischen Halbinsel klar zu erkennen. Der *Terra*-Satellit der NASA fotografierte die Gegend mit verschiedenen Farbfiltern, was den Wissenschaftlern an der University of Colorado erlaubte, den Vorgang im Detail zu studieren. Im linken Bild (Infrarot, Rot, Blau) zeigt die blaue Färbung innerhalb des zerfallenden Eisfeldes, wie stark das Eis mit flüssigem Wasser durchtränkt ist. Im rechten Bild (Rot, Grün, Blau) tritt die starke Zerklüftung des Eises deutlich hervor. Solche Aufnahmen liefern wertvollste Daten über die Reaktion unserer Umwelt auf Veränderungen in der Atmosphäre und erlauben die Planung von Gegenmaßnahmen.

wiegt! Die Folgen sind messbar. Hat der CO_2-Gehalt der Atmosphäre während der letzten Million Jahre lediglich zwischen 180 und 280 ppm (parts per million) geschwankt, so stieg er seit Mitte des 19. Jahrhunderts auf 380 ppm an! Ein absoluter Rekordwert!

Jeder Wechsel im CO_2-Gehalt im Verlauf der Erdgeschichte war aber immer direkt mit einer Veränderung der Temperatur verbunden. Stieg der CO_2-Gehalt, so kletterte die jährliche Durchschnittstemperatur unseres Planeten, sank der Wert, so fiel auch das Thermometer in den Keller, und zwar immer schön parallel. Auch beim gegenwärtigen Anstieg des Treibhausgases macht die Temperatur das Spiel brav mit und geht nach oben! Der Zusammenhang ist heute wissenschaftlich klar belegt. Bloß Tempo und Ausmaß des Anstiegs müssen abgewartet werden, primär deshalb, weil es einen solchen Fall in der uns zugänglichen Erdgeschichte noch gar nicht gab!

Riesige Rauch- und Aschewolken von zahlreichen Wald- und Buschbränden verdeckten Anfang Oktober 2006 die Inseln Sumatra (Westen, links im Bild) und Borneo (östlich) und die angrenzende See. Der Rauch war so dicht, dass die Luft- und Seefahrt zeitweise eingestellt werden musste. Abgesehen von den immensen Kosten für die Volkswirtschaft bewirkt eine derartige Luftverschmutzung massive Gesundheitsprobleme bei der Bevölkerung und ist wesentlich am Klimawandel beteiligt. Zudem werden durch die meist illegal gelegten Brände die Lebensräume von Tieren (inklusive des gefährdeten Orang Utans) und Pflanzen zerstört. Die Aufnahme des *Aqua*-Satelliten der NASA vom 8. 10. 2006 zeigt, wie riesig die betroffene Fläche war!

Raumfahrt hilft die Erde verstehen

Erst jetzt langsam, nach einer Reihe von Umweltkatastrophen, einigen Fernseh- und Kinofilmen und unter dem Druck der öffentlichen Meinung, beginnen sich einige Politiker ernsthaft mit dem Problem zu befassen. Sogar in den USA, seit langem der größte Umweltsünder und ernsthafteste Verhinderer griffiger Maßnahmen, gewinnt eine neue Umweltbewegung ständig mehr Schwung. Dies haben auch zahlreiche und bedeutende Industrieunternehmen gemerkt und beginnen nun, an der noch zögerlichen Regierung vorbei massiv in Umweltmaßnahmen zu investieren. Gleiches gilt für Europa, wo der gleiche Prozess etwas früher und leiser eingesetzt hat. Der Clou an der Geschichte ist, plötzlich realisieren viele Manager, dass sich mit Umwelttechnologien Geld verdienen lässt!

Ich bin mir bewusst, dass Manches in diesem Kapitel vielleicht zu sehr nach Forschungs- und Technikfreundlichkeit klingt. Und ich weiß sehr wohl, dass die modernen Naturwissenschaften und auch noch so raffinierte Spitzentechnologien für sich alleine keinesfalls die Lösung aller Probleme der Menschheit bringen können und zudem selbst auch Gefahren beinhalten. Wissenschaft und Technik bildeten aber in der ganzen Geschichte der Menschheit die Basis, auf der über Jahrhunderte hinweg

Der *Aqua*-Satellit der NASA ist mit seinen hochentwickelten Sensoren in der Lage, die durch winzige Algen verursachten farblichen Veränderungen im Meerwasser zu messen. Die Algen enthalten den Farbstoff Chlorophyll, mit dessen Hilfe sie die Energie des Sonnenlichtes einfangen. Die Aufnahme zeigt die Verteilung des Chlorophylls in der Gegend um Neuseeland. Ganz offensichtlich ist die Algenmenge in der Nähe der Westküste der Südinsel besonders hoch. Die Ursachen können in einer Überdüngung des Meeres durch die menschliche Tätigkeit, aber auch durch natürlichen Nährstoffeintrag zu finden sein. Die genaue Beobachtung der Erde erlaubt den Wissenschaftlern, die sich entwickelnden Probleme zu erkennen und den Politikern die nötigen Entscheidungshilfen zu liefern.

der heutige Lebensstandard aufgebaut werden konnte, oft genug verbunden mit großen Opfern.

Mit Esoterik oder unüberprüfbaren Behauptungen lassen sich die Probleme der Gegenwart und Zukunft dagegen ganz sicher nicht lösen, denn dazu braucht es gesichertes Wissen und überprüftes Know-how. Ohne die Forschungs- und Entwicklungsarbeit vieler Wissenschaftler-Generationen aller Disziplinen wären wir nach wie vor auf dem Stadium der allerfrühesten Steinzeit. Unsere Werkzeuge entsprächen bestenfalls einer äußerst primitiven Entwicklungsstufe, wir hätten keine Möglichkeiten, kraftvolle Maschinen für uns arbeiten zu lassen, wir könnten nicht reisen und Informationen austauschen, Musik, Malerei und Literatur wären uns fremd, wir wären weiterhin schutzlos den Launen der Witterung ausgeliefert, wüssten nicht, wie wir uns gegen Krankheitserreger wehren können oder wie sich das Leben von Mutter und Kind bei der Geburt schützen lässt, hätten keine Ahnung von Antibiotika oder der Behandlung zahlloser Krankheiten, und unsere Lebenserwartung läge bei etwa 25 Jahren.

Das moderne Leben führt ganz klar auch zu Problemen, speziell für unsere Umwelt. Wenn wir aber seine Nachteile fürchten oder beklagen, so müssen wir auch sehen, was es uns gebracht hat, ganz speziell in den letzten 200 Jahren. Ein einfacher Zahlenvergleich mag illustrieren, was ich meine: Betrug die menschliche Bevölkerung der Erde noch Anfang des 19. Jahrhunderts etwa 600 Millionen, so hat sie sich seither auf weit über 6 Milliarden mehr als verzehnfacht! Weshalb? Sicher nicht, weil all diese Menschen unter der neuen Lebensweise nur gelitten hätten.

Die Angst vor der Technik, vor den Kräften, die das Wissen über die feinen Mechanismen der Natur dem Menschen eröffnet hat, vor den mechanisch wirkenden, kalten und unbarmherzigen Abläufen der Natur schreckt viele Mitmenschen ab und lässt sie nach einer anderen, besseren, „menschlicheren" und vor allem wärmeren Welt suchen. Eine Flucht in eine selbst konstruierte Scheinwelt hilft uns aber sicher nicht. Wir sind von der Forschung abhängig, weil wir ganz einfach verstehen müssen, wie die Welt funktioniert, um auf gefährliche Entwicklungen reagieren und Chancen für uns nutzen zu können.

Das Wissen um die Vorgänge in der Natur an sich ist in keiner Art und Weise gefährlich. Denn wenn es einem Wissenschaftler gelingt, ein Naturphänomen zu erklären, so hat er ja nichts Neues erfunden, sondern ist „nur" in harter, oft raffinierter detektivischer Kleinarbeit der Natur auf die Schliche gekommen und hat in Erfahrung gebracht, nach welchen Regeln sie arbeitet. Verändert hat er nichts, denn die Gesetze der Natur sind auch dann gültig, wenn wir nichts von ihnen wissen. Sie sind einfach da und steuern das großartige Schauspiel des Universums, ob wir nun wissend oder völlig naiv zuschauen.

Das Problem liegt darin, wie wir unser Wissen und seine Anwendungsmöglichkeiten kontrollieren. Es ist der Mensch, der, wenn er will, seine Erkenntnisse gegen sich selbst und seine Umwelt richten kann.

Weltuntergangspropheten haben zu allen Zeiten immer wieder das Ende der Menschheit angekündigt. So vor kurzem auch der renommierte Astrophysiker Martin Rees, der sich sogar zu der Wette verstieg, die

Wieder einmal ist es dem Weltraumteleskop *Hubble* gelungen, einen dramatischen Moment im Leben eines Sterns einzufangen. Am 23. Februar 1987 erreichten die Lichtstrahlen der Supernova-Explosion eines Sterns in der Großen Magellanschen Wolke die Erde. Nur 12 Jahre später sind die Folgen des katastrophalen Todes des Sterns in Form sich ausdehnender, heller Gaswolken erkennbar. Die beiden äußeren, roten Ringe markieren die Stoßfronten älterer Gasausbrüche. Die moderne Astrophysik versucht derartig gewaltsame Ereignisse zu verstehen. Gefährdet das Wissen um die bei solchen Vorgängen freigesetzten Energien das Überleben der Menschheit?

Menschheit werde das 21. Jahrhundert nicht überleben. Für Martin Rees bergen die neuesten Entwicklungen auf dem Gebiete der Naturwissenschaften derart viele Risiken, dass er unsere Überlebenschance für die nächsten rund 100 Jahre bei etwa 50 Prozent sieht. Nuklear-, Bio-, Nanotechnologie und Cyberspace als Killer der Menschheit?

Ganz abgesehen davon, dass es keinerlei Grundlage für eine derartige Risikoabschätzung gibt, die Angabe „50 Prozent" also bestenfalls aus dem hohlen Bauch und nicht aus irgendeiner wissenschaftlich vertretbaren Quelle stammt, sind solche Aussagen meiner Ansicht nach reine Panikmache. Sie schaffen ein Klima der Angst und der geistigen Blockade, lassen die Menschen in esoterische Scheinlösungen flüchten und behindern so die gründliche Erforschung der Vorgänge in der Natur. Fast noch schlimmer aber lenken derartige Behauptungen von sehr realen Bedrohungen ab.

Fundamentalisten als Bedrohung

Viel größer als die Gefahr eines die ganze Menschheit verschlingenden Unfalls, wie Martin Rees ihn befürchtet, ist heute die Bedrohung, die von Fanatikern aller Schattierungen ausgeht. Von Leuten nämlich, die überzeugt sind, die absolute „Wahrheit" zu kennen und denen die Zerstörung des „Feindes" wichtiger als das eigene Leben ist. Sie sind sich zutiefst sicher, mit ihren selbstzerstörerischen Taten einem „großen Ziel" zu dienen und der „einzig" richtigen politischen, weltanschaulichen oder religiösen Idee zum Durchbruch zu verhelfen. Ihr Sendungsbewusstsein treibt sie dazu, alles zu unternehmen, um die Welt vor anders Denkenden oder „Ungläubigen" zu retten. Solche Leute könnten zwar heute und wohl noch für lange Zeit die Menschheit insgesamt kaum bedrohen, aber sie könnten durchaus unsere heutige Welt völlig verändern, uns in ein finsteres Zeitalter der Unterdrückung, der totalen Kontrolle und der Intoleranz zurückwerfen und durch Anschläge millionenfachen Tod verbreiten. Ich bin überzeugt, der Umgang mit fanatischen Fundamentalisten wird einer der ganz entscheidenden Knackpunkte der menschlichen Geschichte werden. Wir müssen uns ganz ernsthaft fragen, wie lange sich die Menschheit Strömungen aller Art noch leisten, tolerieren oder gar fördern kann, die vorgeben, alleine eine unüberprüfbare „Wahrheit" zu kennen.

Gibt es ein besseres Gegenmittel als eine weltoffene, kritische und bestens informierte Bevölkerung? Was könnten wir uns mehr wünschen als eine Jugend, die mit Neugier und Begeisterung in die Zukunft sieht, deren Gesellschaften sich ein großes und in der realen, überprüfbaren Welt angesiedeltes Ziel geben und so ihrem Nachwuchs einen Sinn für die eigenen Existenz und Arbeit eröffnen?

Der Mensch –
Schlüsselstelle und Problemfall

Die Erforschung fremder Himmelskörper, die Suche nach den feinen Spuren möglicher Lebewesen und der Frühgeschichte unserer Nachbarwelten wird wohl nur mit Hilfe von Menschen, die vor Ort arbeiten, wirklich schlüssige Resultate liefern. Der Mensch mit seiner einzigartigen Fähigkeit für kreatives, schnelles und den Umständen angepasstes Handeln, mit seinen einmaligen analytischen Stärken und mit dem Gefühl für die wirklich interessanten Hinweise auch in fremder Umgebung wird noch lange Zeit nicht durch Roboter ersetzbar sein, wenn dies überhaupt je der Fall sein wird!

Zudem können Menschen sehr viel gezielter, vielschichtiger und schneller arbeiten als jedes unbemannte Labor. Die Astronauten von *Apollo 17* haben z. B. mit ihrem „Mondauto" in nur 3 Tagen über 35 km zurückgelegt und die aufschlussreichen Stellen nahe ihrem Landeplatz besucht.

Der hervorragend funktionierende Marsroboter *Opportunity*, der anstatt wie geplant 3 Monate nun schon über drei Jahre unterwegs ist, hat in 1034 Tagen gerade mal knappe 10 km geschafft!

Trotzdem wird der Mensch zu einem der schwächsten Teile einer Langzeitmission in die Tiefen des Sonnensystems werden. Ein Flug zum Mars wird im günstigsten Falle etwa 240 oder aber fast 500 Tage dauern! Dabei werden die Astronauten der Schwerelosigkeit sowie der brutal harten Strahlung der Sonne und des Weltalls ausgesetzt sein, und sie werden während des Fluges gegen Langeweile und Abgeschiedenheit zu kämpfen haben. Schwierig könnte auch das Zusammenleben unter engsten Verhältnissen werden. Langzeiterfahrungen mit Kosmonauten und Besatzungen der verschiedenen Raumstationen haben bisher gezeigt, dass Aufenthalte im Weltall bis zu 440 Tagen zwar zur Schwächung der Raumfahrer führen, ihre Gesundheit aber wohl nicht nachhaltig beeinträchtigen. Allerdings konnten die Missionsteilnehmer bisher nach ihrer Landung auf der Erde sofort intensiv medizinisch betreut werden. Dies wäre natürlich nach der Landung auf dem Mars nicht möglich und die Besatzung müsste selbst versuchen, die Folgen des Wechsels zurück unter die Schwerkraftbedingungen auszugleichen. Leider

hilft auch intensives Training während des Flugs nicht vollständig gegen Muskel- und Knochenschwund sowie gegen Herz- und Kreislaufschwächen. Nicht ganz einfach wird auch die Nahrungsversorgung, und es wird wohl nötig werden, pflanzliche Nahrung in Treibhäusern zu kultivieren.

Um den unerwartet auftretenden Strahlungsausbrüchen der Sonne entfliehen zu können, müssten die Raumschiffe über eine gegen Strahlen schützende Rückzugskammer verfügen. Problematisch ist auch die ärztliche Versorgung während der langen Reise, was wohl nach mehreren medizinisch ausgebildeten Teilnehmern verlangt.

Trotz dieser Problemfelder sind die führenden Raumfahrtagenturen überzeugt, bemannte Flüge zu Mond und Mars mit der heutigen Technik wagen zu können. Zahlreiche Testmissionen, bemannt und unbemannt, werden zum Verkleinern der Risiken allerdings nötig sein, und wir werden auch mit Rückschlägen rechnen müssen.

Aufbruch ins 21. Jahrhundert

*Die Zukunft soll man nicht
voraussehen wollen,
sondern möglich machen.*

ANTOINE DE SAINT EXUPÉRY,
„DIE STADT IN DER WÜSTE", 1948

Man schrieb den 3. August 1492, als im Hafen der andalusischen Stadt Palos de la Frontera eine kleine Flotte aus drei Schiffen in See stach. Das Flaggschiff, die Karacke Santa Maria unter dem Kommando des Italieners Cristoforo Colombo, hatte etwa 40 Mann an Bord, meist Verbrecher und arbeitslose Söldner, aber auch einige Privatleute, die sich von der Teilnahme an der waghalsigen Seereise fantastische Gewinne erhofften. Das Ziel war nichts Geringeres als eine neue Welt zu erschließen! Welche Strapazen und Entbehrungen die Männer an Bord auf sich nehmen mussten, kann man sich heute kaum vorstellen. Das ganze Schiff hatte eine Länge von gerade mal etwa 25 Metern und war sogar für damalige Verhältnisse klein. Es gab für die Besatzung und die Offiziere keine Kabine, in der sie hätten schlafen können! Übernachtet wurde unter engsten Verhältnissen, bei gutem Wetter an Deck, sonst in einem Laderaum! Nur Kolumbus hatte eine winzige Kammer zu seiner Verfügung, die er aber offenbar gar nicht mochte. Als Toilette diente die Bordwand! Die Nahrung war äußerst einfach, gesalzenes Fleisch, Fisch, Brot und Bohnen. Gekocht wurde auf einem offenen Feuer an Deck. Was aber vor allem beeindruckt ist die Tatsache, dass die ganze Flotte unter diesen Umständen in eine völlig unbekannte Welt aufbrach. Es galt damals ja noch keineswegs als sicher, dass die mutigen Seefahrer nicht irgendwo

So stellen sich die Grafiker der NASA den Start einer *Ares V*-Rakete mit der Mondlandefähre an der Spitze vor. In der Zeichnung wird gerade die Nutzlastverkleidung abgeworfen. Die Mannschaftskapsel *Orion* startet später mit einer *Ares I* und wird im Erdorbit mit der Fähre gekoppelt.

Die Astronauten Heidemarie M. Stefanyshyn-Piper (rechts) und Joseph R. Tanner arbeiten am 12. September 2006 gemeinsam im freien Weltall am Aufbau der *ISS* während des Flugs *STS-115* (*Space Shuttle Atlantis*). Wird es unserer Art gelingen, im Weltraum Fuß zu fassen und unseren Lebensraum zu erweitern?

über den Rand der Erde kippen würden! Tatsächlich kam es fast zu einer Meuterei, als der Kompass beim Erreichen der südlichen Breiten plötzlich scheinbar unsinnige Anzeigen machte. Nur knapp gelang es Kolumbus die Mannschaften zur Weiterfahrt zu überreden, und nur dank seiner starken Überzeugung, die Erde müsse eine Kugel und Indien auf dem Westweg erreichbar sein, gelang ihnen schließlich der Erfolg. Am 12. Oktober 1492 fanden sie die heutige Insel San Salvador und konnten an Land gehen.

Völlig abgeschnitten von der Heimat und ohne die geringste Möglichkeit, bei einem Unfall mit dem so wackelig aussehenden Schiff Hilfe von zu Hause anzufordern, ohne Funk, Telefonie oder Rettungsboote und ohne Garantie, rechtzeitig neue Nahrungsvorräte zu finden, mit anderen Männern auf engstem Raum zusammen gepfercht und fast schutzlos der Witterung ausgesetzt, ertrotzten sich die alten Pioniere der Seefahrt ihre Entdeckungen. Und immer wieder bezahlten einige von ihnen diese Abenteuer auch mit dem teuersten möglichen Preis, dem eigenen Leben.

Ein Nachbau der *Santa Maria*, mit der Kolumbus seine erste Reise begann, lag Anfang August 1892 im spanischen Hafen Palos vor Anker. Mit diesem Schiff und den ebenfalls nach alten Plänen und Berichten neu gebauten Begleitschiffen gelang es, 400 Jahre nach der historischen Reise ins Unbekannte nochmals den Atlantik auf der alten Route zu überqueren.

Ein neues Bild der Welt

Aber was haben sie erreicht! Sie haben ihrer Zeit und letztlich auch uns heutigen Menschen eine völlig neue Welt geöffnet. Sie haben das für Jahrhunderte als gültig betrachtete Bild der Erde revolutioniert und uns ein komplett neues Weltbild erschlossen, das auf Fakten basiert und so zu einer realistischeren, offeneren und freieren Gesellschaft führte. Europa sah sich mit einem Schlage einer radikal neuen Welt gegenüber, die erforscht und genutzt werden konnte. Dabei gingen unsere Vorfahren mit den Menschen in den neuen Gebieten viel zu oft nicht gerade zimperlich um und unterjochten, töteten oder versklavten sie.

Wichtig ist mir hier der Pioniergeist, der absolute und nicht zu bremsende Wille, Neues zu entdecken und den Lebensraum auszuweiten. Genau der selbe Wille ist heute bei den Raumfahrtagenturen auszumachen, die nur allzu gerne ihre Programme in die Wirklichkeit umsetzen möchten, dafür aber genauso wie Kolumbus vor über 500 Jahren auf die Unterstützung durch ihre Gesellschaften angewiesen sind. Menschen, die bereit sind die nötigen Entbehrungen, die Gefahren und die Einsamkeit einer Reise vor unsere kosmische Haustüre auf sich zu nehmen, gibt es auch heute noch immer! Und auch sie warten nur auf eine Chance zum Aufbruch, auf eine Gelegenheit, das Wissen und das Weltbild der Menschen zu Hause nochmals dramatisch erweitern zu können.

Europa ist dabei, wenigstens mit kühnen Plänen. Die ESA hat sich in ihrem *Aurora*-Programm das Ziel festgeschrieben, bis zum Jahre 2030 eine bemannte Mission zum Mars zu senden und, ganz im Stile der Kennedy-Rede von 1961, die Besatzung wieder sicher zur Erde zurück zu bringen. Auch der Forschungsausschuss der Europäischen Union steht hinter dieser Vision. Was jetzt noch fehlt, ist eine klare Entscheidung der Politik. Im Klartext also die Sicherung der Finanzierung.

Auch Flugpioniere wie der weltbekannte französische Autor Antoine de Saint-Exupéry, hier vor dem Flugzeug, mit dem er Material für seine Berichte über den spanischen Bürgerkrieg sammelte, haben unter primitivsten Bedingungen und oft genug ohne jede Chance bei einem Unfall gerettet werden zu können, unsere heutige Welt vorbereitet und geprägt

Natürlich kann man nicht einfach planen, im Jahre 2030 eine Rakete zu zünden und den Mars anzusteuern! Eine derartige Reise braucht eine lange Vorbereitungsphase. Dazu gehören auch unbemannte Missionen, welche die technische Machbarkeit so komplexer Reisen demonstrieren und interessante Landeplätze auskundschaften. Die Erforschung der anderen Himmelskörper im Sonnensystem wird deshalb durch die bemannte Raumfahrt höchstens kanalisiert, nicht aber durch Binden der Kredite verhindert. Und es braucht auch bemannte Raumflüge als Test für die komplizierte Technik, die nötig ist, damit Menschen so lange Zeit im Weltall, der extremen Strahlung ausgesetzt,

Die europäische Weltraumagentur ESA möchte im Rahmen ihres *Aurora*-Programms bis zum Jahre 2030 eine bemannte Expedition zum Mars durchführen. Als Vorbereitung dazu ist auch der Bau einer Basis auf dem Mond geplant. Im Moment sind dies allerdings nur Absichtserklärungen. Die finanziellen Mittel für die Umsetzung fehlen leider weitgehend!

Noch recht plump wirkt diese Skizze einer ersten europäischen Station auf dem Mars. Die Arbeitsbedingungen auf dem Roten Planeten sind hart und gefährlich, und ein Erfolg der Mission ist keineswegs sicher! Die gründliche Erforschung des Mars könnte uns aber weitere Antworten auf die Fragen nach unserer Herkunft und unserer Stellung im Universum geben und wird mit Sicherheit unser Weltbild beeinflussen!

sicher überleben können. Ein Flug zum Mars und zurück wird nämlich aus Gründen der Himmelsmechanik rund zwei Jahre dauern! In der Einsamkeit, der Abgeschiedenheit und unter den Gefahren des Weltalls eine enorm lange Zeit, aber immer noch im Rahmen dessen, was auch die alten Seefahrer auf sich genommen haben! Das Programm der ESA ist deshalb mehrstufig ausgelegt:

> Die Entscheidung für den Aufbruch zum Mars bis zum Jahre 2015.
> Unbemannte Forschungsflüge zum Mars. Dazu gehört auch eine Sonde, die auf dem Mars Proben entnehmen und diese sicher zur Erde transportieren soll. Dieser spektakuläre Flug könnte zwischen 2011 und 2017 stattfinden!
> Unbemannte Außenposten auf dem Mond und dem Mars bis 2020/2025.
> Eine bemannte Forschungsstation auf dem Mond.
> Reise zum Mars (2025 bis 2030).

Europa ist auch sehr offen und zu einer internationalen Zusammenarbeit bereit. Schon heute beteiligt sich Kanada am *Aurora*-Programm, und die Partnerschaften mit der NASA, der russischen Weltraumbehörde Roskosmos und der japanischen JAXA sind nach wie vor intensiv, und zwar nicht nur beim Bau der *ISS*. Mit Russland ist für die Zukunft sogar die Entwicklung eines Raumgleiters geplant, der unter dem

So könnte es aussehen, wenn zu Beginn des nächsten Jahrzehnts eine europäische Kapsel Proben vom Mars aufgenommen hat und mit ihrer unschätzbar wertvollen Fracht zum Flug zur Erde zurück startet.
Die Hoffnung der Wissenschaftler ist natürlich, die Steine und der Staub vom Mars könnten zumindest Spuren von Marsbakterien enthalten. Die Probe muss dementsprechend unter absolut sterilen Bedingungen auf die Erde gelangen!

In einer der seltenen Aufnahmen vom russischen Weltraumbahnhof Baikonur wird die russische Version eines *Space Shuttles,* der Orbiter *Buran,* zum Start mit einer *Energia*-Rakete vorbereitet: *Buran* absolvierte zwar einen Testflug erfolgreich, das Programm wurde aber aus Kostengründen 1993 aufgegeben. Die fast 60 Meter lange Rakete könnte bis zu 28 Tonnen Nutzlast zum Mars befördern und ist deshalb als Startvehikel für europäische Missionen zum Roten Planeten im Gespräch.

Namen *Clipper* schon 2012 seinen Jungfernflug absolvieren soll. *Clipper* wird deutlich kleiner als die amerikanischen *Space Shuttles* geplant und könnte bis zu 6 Astronauten in eine niedere Erdumlaufbahn bringen. Der europäische Beitrag ist allerdings sehr unsicher, nachdem der Europäische Weltraumrat im Dezember 2005 keine finanziellen Mittel bewilligte. Man muss sich tatsächlich sehr ernsthaft fragen, für welche weiterführenden Aufgaben die neue Raumfähre gebaut werden soll. Europa sollte sich größere Ziele setzen als ein Vehikel für Weltraumtouristen zu finanzieren!

Viel spannender und in die Zukunft orientierter sind da die Pläne des Deutschen Zentrums für Luft- und Raumfahrt (DLR) aus eigener Kraft und möglichst schon ab 2012 mit einer unbemannten Sonde den Mond komplett zu kartieren. Ein solch ehrgeiziges Projekt könnte eine schon fast peinliche Lücke füllen. Wir kennen die Oberfläche des Planeten Mars nämlich wesentlich besser als jene unseres nächtlichen Begleiters. Die Technik für eine solche Mission wäre vorhanden und weitgehend erprobt. Ist es doch die vom Team des Berliner Planetenforschers Gerhard Neukum entwickelte hochauflösende Kamera an Bord des *Mars Express,* welche gegenwärtig fantastisch detaillierte Bilder zur Erde funkt und so ganz wesentlich zu unserem

Grafische Darstellung des Starts einer *Ares V.* Diese neue amerikanische Rakete soll in wenigen Jahren schwere Nutzlasten in die Erdumlaufbahn hieven können. Für die Flüge zum Mond wird das Mondlandegerät in der Raketenspitze mittransportiert. Die Mannschaftskapsel wird mit der kleineren *Ares I* gestartet und soll in der Umlaufbahn mit der Mondfähre koppeln.

Wissen über den Mars beiträgt. Die Verantwortlichen des DLR denken sogar schon über eine anschließende unbemannte Landung auf dem Mond nach.

Deutschland könnte sich mit derartigen Missionen natürlich in eine ganz hervorragende Ausgangslage für die nächste Phase der Erforschung und Nutzung des Weltalls manövrieren und für die eigene Industrie und Forschung strategisch wichtige Positionen besetzen. Es ist denn auch ein erklärtes Ziel der Planer, mit den Mondprojekten dem Land eine technologische Führungsposition innerhalb der ESA und der weltweiten Projekte zu sichern. Mit geschätzten Kosten von 300 bis 400 Millionen Euro über fünf Jahre müsste ein derartiger Riesenerfolg für Deutschland durchaus bezahlbar sein und dürfte weit über den engeren Raumfahrtbereich hinaus einen Innovationsschub bewirken.

Eine breit abgestützte internationale Zusammenarbeit könnte natürlich die Kosten des gewaltigen Programms für die einzelnen Länder senken und die Entscheidung für den Aufbruch erleichtern. Zudem können sich so auch mehr Menschen in möglichst vielen Weltgegenden direkt an den Arbeiten beteiligen, vom technologischen Fortschritt profitieren und dank des Einsatzes ihrer Steuergelder das Gefühl des „Dabeiseins" bei den zu erwartenden Entdeckungen des Abenteuers Weltraumfahrt genießen. Trotzdem, eine breite internationale Zusammenarbeit bringt auch Probleme mit sich. Je mehr Partner beteiligt sind, desto größer wird der administrative Aufwand und desto schwieriger die Koordination der verschiedenen nationalen Beiträge. Europa muss sich daher ernsthaft fragen, ob es sich angesichts der amerikanischen Absicht, das eigene Programm mehr oder weniger allein durchführen zu wollen und der drohenden Gefahr technologisch abgehängt zu werden, nicht ein eigenes Projekt finanzieren soll. Die Entscheidung muss bald fallen, Amerika ist nämlich bereits aufgebrochen und hat in neue Entwicklungen investiert!

Aufbruchstimmung in der NASA

Ziel der Amerikaner ist es, spätestens bis 2020 wieder Menschen auf dem Mond zu landen und 10 Jahre danach den Mars zu erreichen. Verglichen mit dem ehrgeizigen Zeitplan für die ersten Mondlandungen in den 1960er Jahren erscheint dieser Arbeitsplan recht gemütlich. Die Amerikaner wollen dieses Mal aber nicht einfach in Touristenmanier hin, ein paar Steine sammeln, hübsche Fotos schießen, zurückfliegen und das Ganze danach als einmaliges nettes Abenteuer abbuchen. Dieses Mal soll der Mond gründlich und über längere Zeit erforscht werden und auch als Sprungbrett zum Mars dienen. Ja, die Planung sieht sogar den Aufbau einer Forschungsstation auf dem Mond vor.

Der Mond hat uns nämlich nach wie vor eine ganze Menge zu bieten. Da er seit der Frühzeit des Sonnensystems mehr oder weniger inaktiv ist, sind auf ihm die Spuren der Ereignisse kurz nach der Entstehung des Sonnensystems nach wie vor erhalten. Ganz im Gegensatz zur Erde. Hier haben kosmische Einschläge, Vulkanausbrüche, Plattentektonik, Gletscher und Wasser den Planeten in den vergangenen vier Milliarden Jahren völlig verändert und praktisch alle Gesteine aus der ersten Milliarde Jahre unseres Heimatplaneten zerstört.

Wenn wir also in Erfahrung bringen wollen, was damals im inneren Sonnensystem geschah, so können uns dies die Gesteine auf dem Mond erzählen. Die Mondsteine müssten eigentlich auch die Überreste der chemischen Stoffe enthalten, die möglicherweise durch Asteroiden und Kometen auf den Mond und die Erde fielen

In dieser grafischen Darstellung hat die Mannschaftskapsel *Orion* mit der Mondfähre erfolgreich gedockt und wird nun an der Spitze der Oberstufe einer *Ares V* Richtung Mond geschossen.

So könnte es aussehen, wenn die Mannschaftskapsel *Orion* und die Landefähre die Mondumlaufbahn erreicht haben und sich auf die Landung vorbereiten.

Dieser Krater auf der erdabgewandten Seite des Mondes trägt erst die Nummer 302 der Internationalen Astronomischen Union. Wunderschön sind die Terrassenbildung und der zentrale Berg erkennbar, beides die Folge eines heftigen Einschlags. Handaufnahme *Apollo 10*, Mai 1969.

und dem Leben hier zu seinem Start verhalfen. Ja, vielleicht lassen sich sogar Erdmeteoriten mit den Spuren der ersten irdischen Lebewesen auf dem Mond entdecken! Wir müssen auf den Mond, um die frühesten Stadien der Geschichte unseres Planeten besser verstehen zu lernen!

Der Mond – ein Archiv der Frühgeschichte der Erde

All dies soll mit dem aktuellen Budget der NASA möglich sein, was durchaus realistisch ist, wenn die horrenden Kosten für die *Shuttle*-Flüge und den Endausbau der *ISS* wegfallen. Die NASA will möglichst schon ab 2018 jährlich mindestens zweimal zum Mond starten und die Landungen mit Transportflügen durch Cargo-Schiffe unterstützen. Die Mannschaften könnten dadurch immer länger auf unserem Begleiter ausharren und lernen, mit den vorhandenen Ressourcen auszukommen. Scoutmissionen sollen daher den Mond schon in den nächsten Jahren intensiv erforschen und günstige Landeplätze auskundschaften. Besonders spannend wäre es natürlich, wenn auf dem Mond Wassereis gefunden würde, das sich zur Versorgung der Besatzungen nutzen ließe.

Es mag etwas seltsam klingen, auf dem Mond nach Wasser suchen zu wollen. Viele Mondkrater in den Polgegenden werden aber von der Sonne nur sehr flach beschienen, so dass weite Teile ihres Bodens ständig in der Dunkelheit liegen und daher kaum wärmer als −50 bis −40 °C werden. Unter solchen Bedingungen könnte Wassereis im Boden sehr lange Zeiträume überdauern. Tatsächlich fand die Sonde *Lunar Prospector* aus der Umlaufbahn schon 1998 und 1999 recht deutliche Hinweise für Wassereis an beiden Polen des Mondes. Völlig abgesichert sind diese Resultate allerdings noch nicht, im Gegenteil, neuere Untersuchungen lassen auch eine andere Auslegung der alten Messresultate zu. Klarheit in dieser enorm wichtigen Frage könnten wir schon im Herbst 2008 erhalten, wenn der amerikanische *Lunar Reconnaissance*-Orbiter seine Arbeit aufnimmt und unter anderem die schattigen Krater am Südpol nach Wassereis abtastet. Ganz nebenbei wird diese Mondsonde auch die alten *Apollo*-Landeplätze mit bisher unerreichter Genauigkeit fotografieren und die Verschwörungstheoretiker im Umfeld der Mondlandungs-Leugner ziemlich in Erklärungsnotstand führen ...

Selbstverständlich will die NASA die Erfahrungen mit einer künftigen Mondbasis nutzen, um die viel länger dauernde Mission zum Mars vorzubereiten. Ein Flug zum Mond dauert „nur" drei Tage, und es ist durchaus vorstellbar, dass eine Crew in Schwierigkeiten von der Erde aus gerettet werden könnte. Mit einer Mondbasis ließe sich also nicht nur unser Mond endlich gründlich erforschen – dort könnte man auch die für einen längeren Aufenthalt auf einem fremden Himmelskörper nötigen Technologien testen.

Vieles an den Plänen der NASA kommt uns aus den Tagen des *Apollo*-Programms sehr bekannt vor. Und tatsächlich hoffen die Verantwortlichen, mit einer moderni-

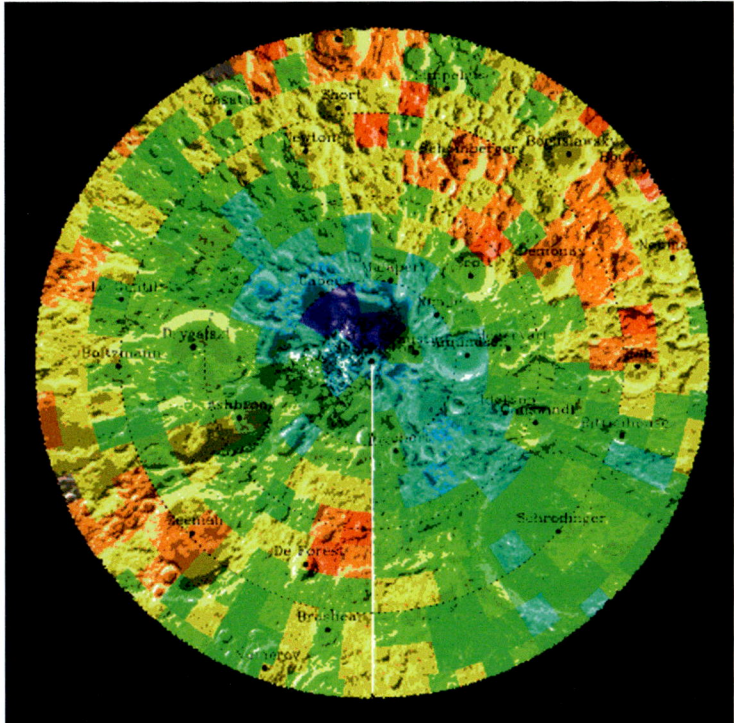

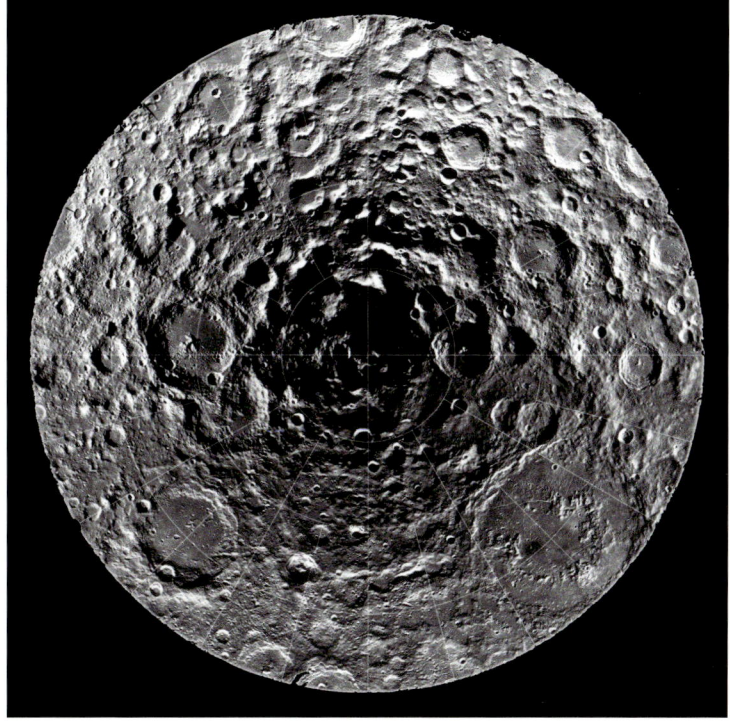

Die blau hervorgehobenen Gegenden am Südpol des Mondes enthalten viel Wasserstoff, möglicherweise in Form von Wasser. Die Daten stammen von der Sonde *Lunar Prospector*.

Aufnahme der Mondsonde *Clementine*. Auch wenn der Südpol des Mondes von der Sonne beschienen wird, bleiben einige Teile der Krater ständig im Dunkeln und könnten Vorräte an Wassereis enthalten.

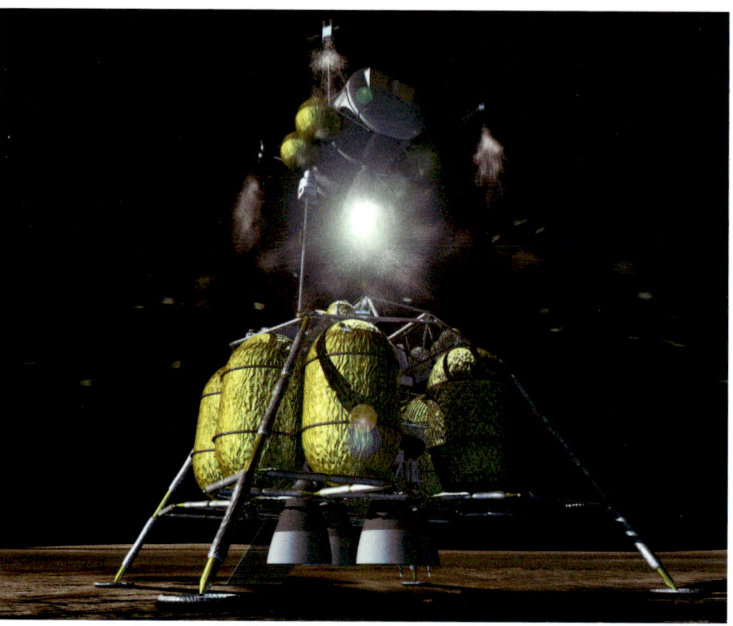

Astronauten an der Arbeit auf dem Mond. Die Untersuchung der Mondgesteine wird uns weitere Antworten auf die Fragen nach dem Ursprung unseres Sonnensystems liefern, weil an vielen Stellen auf dem Mond sehr alte Gesteine vorhanden sind. Die ältesten Steine auf der Erde sind bis zu einer halben Milliarde Jahre jünger als jene auf dem Mond, weil unsere Erde in ihrer Jugend mehrfach von Kometen und Asteroiden so heftig getroffen wurde, dass die Oberfläche schmolz.

So stellen sich die NASA-Zeichner den Moment vor, zu dem der Motor der Aufstiegsstufe zündet und die Astronauten den Mond Richtung Erde verlassen.

sierten Version des alten Konzeptes an die erfolgreichen Tage der alten Mondflüge anknüpfen zu können. Die Chancen dazu stehen gut. Die „herkömmliche" Raketentechnik ist heute ganz wesentlich zuverlässiger und einfacher beherrschbar als die komplizierte und anfällige Konstruktion der *Space Shuttles*. Raketenstarts gehören heute schon fast zur wöchentlichen Routine der großen Raumfahrtnationen und führen nur noch selten zum Verlust der Nutzlast. Reisen im Sonnensystem könnten denn auch noch für längere Zeit problemlos mit den bisher eingesetzten chemischen Triebwerken durchgeführt werden.

Neue Antriebstechniken für die Zukunft

Trotzdem, für die Zukunft wird man auch völlig neue Antriebtechniken benötigen, denn die chemischen Treibstoffe haben den ganz massiven Nachteil, enorm schwer zu sein. Sollen also Raumflüge billiger werden und uns auch tiefer ins Weltall vordringen lassen, so braucht man Treibstoffe oder Energiequellen, die wesentlich mehr Energie freisetzen als die bisher benutzten Chemikalien. Auch wenn Reisen tief ins Weltall, etwa zum Planetensystem eines benachbarten Sterns, noch für sehr, sehr lange Zeit reine Sciencefiction sein werden, überlegen sich heute schon einige Ingenieure und Wissenschaftler, wie in Zukunft Raumfahrzeuge angetrieben werden könnten. Was sie in Gedanken entwickeln, klingt fantastisch, könnte aber den Menschen eines Tages heute noch unvorstellbare Möglichkeiten eröffnen.

Erste Versuche mit neuen Techniken sind teilweise bereits erfolgreich durchgeführt worden. Die mit deutscher Beteiligung gebaute NASA-Sonde *Deep Space 1* war das erste mit einem Ionenantrieb ausgerüstete Raumschiff. Bei diesem Antriebstyp jagen Gasteilchen durch elektrische und magnetische Felder und erreichen dabei sehr hohe Geschwindigkeiten. Die Elektrizität für den Aufbau der Felder wird mit Sonnenzellen gewonnen, so dass kein eigentlicher Treibstoff mitgeführt werden muss. Einzig die verlorenen Teilchen müssen aus einem Vorrat nachgeliefert werden. *Deep Space 1* verbrauchte während des ganzen Fluges gerade mal 74 kg Xenon!

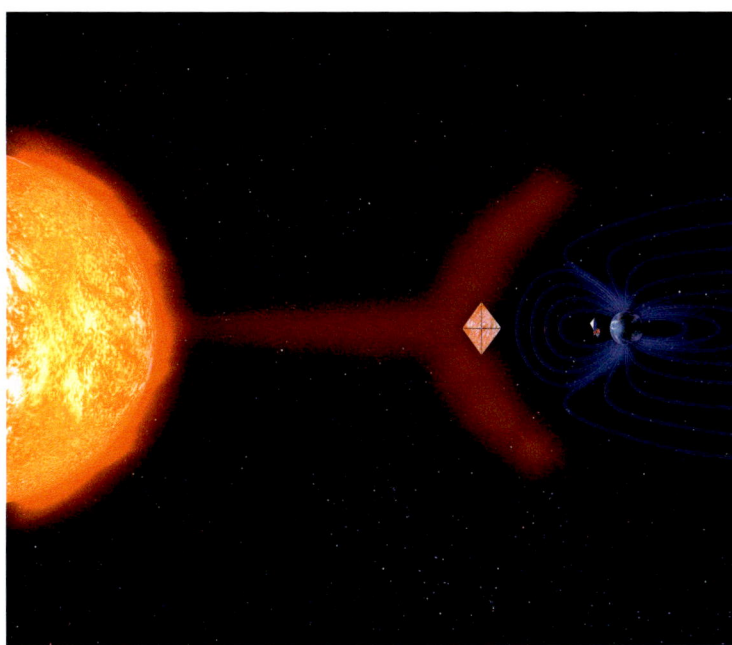

Das mögliche Antriebssystem für Raumsonden der Zukunft? Ein riesiges Segel aus ultraleichtem Material nimmt den Teilchenstrom von der Sonne auf und lässt die Raumsonde so durch das All treiben.

Die Sonde *Deep Space 1* war das erste Raumschiff, das eine neue Antriebstechnologie nutzte und mit einem Ionenstrahl durch unser Sonnensystem flog. *Deep Space 1* passierte am 29. Juli 1999 den Asteroiden 9969 Braille und zwei Jahre später, am 22. September 2001, den Kometen 19P/Borelly. Leider konnte die Sonde nur vom Kometen Borelly Bilder übermitteln, weil sie beim Vorbeiflug an Braille falsch ausgerichtet war. Technisch war der Flug von *Deep Space 1* ein voller Erfolg, und es gelang erstmals, das Magnetfeld eines Asteroiden zu vermessen.

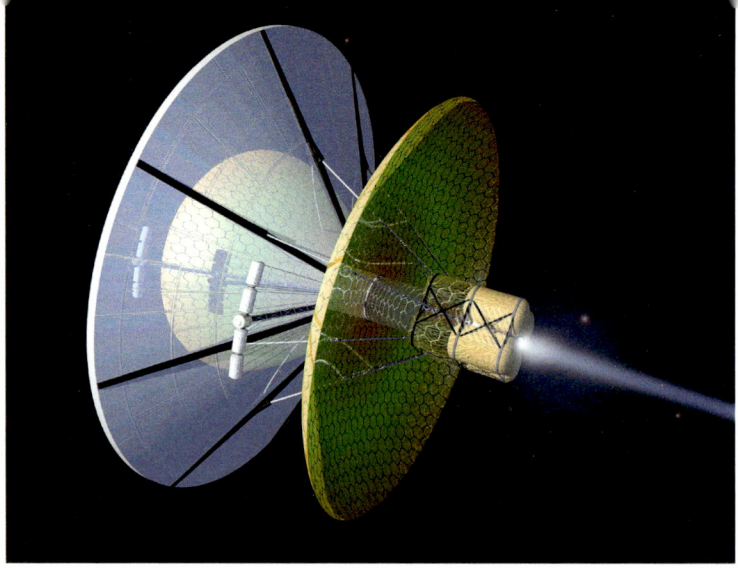

So könnte nach einer Konzeptstudie der NASA ein Sonnensegel aussehen. Die Kantenlänge des fragilen Gebildes könnte gut und gerne einen Kilometer betragen.

Wie aus einem Sciencefiction-Film erscheint uns dieses Konzept eines *Ramjet*-Raumfahrzeuges.

Ein Bruchteil dessen, was ein chemischer Antrieb für die gleiche Leistung hätte ins All schleppen müssen!

Der Ionenantrieb eignet sich allerdings nicht zum Start eines Raumschiffes von der Erde aus, er funktioniert nämlich nur im Vakuum des freien Weltalls. Sein großer Vorteil liegt in der enorm hohen Ausströmgeschwindigkeit der geladenen Teilchen im Ionenstrahl, der den Flugkörper über Jahre hinweg beschleunigen kann und *Deep Space 1* während 678 Tagen den zehnfachen Schub eines herkömmlichen chemischen Antriebes übertrug!

Bisher leider noch erfolglos waren die Versuche, die Energiezentrale des Sonnensystems, unsere Sonne selbst, für den Antrieb von Raumflugkörpern zu nutzen. Das Konzept ist an sich verblüffend einfach. Die Sonne strahlt ja ständig eine enorme Menge Lichtteilchen ab, die mit extrem hoher Energie und Geschwindigkeit durchs All jagen. Es müsste eigentlich möglich sein, auf diesen Teilchenstrom im Huckepack-Verfahren aufzusitzen und sich von ihm treiben lassen. Als Technologie böte sich hier die der alten Windjammer an – schlicht und einfach ein Segel!

Für die Beschleunigung auf hohe Geschwindigkeiten müsste das Segel natürlich entsprechend groß und leicht sein. Das Problem bei zwei Fehlversuchen mit kleinsten Segeln lag genau hier. Das Falten, Verpacken und zuverlässige Öffnen der Segel erwies sich als technisch noch nicht gelöst, und die Segel konnten ihre Arbeit nicht aufnehmen. Beim bisher dritten Versuch, im Juni 2005, wollte die private amerikanische Planetary Society ihren ersten Satelliten, *Cosmos 1*, mit einem 600 Quadratmeter großen Segel auf die Reise schicken. Der Versuch misslang, weil die von einem russischen U-Boot abgeschossene Trägerrakete nicht richtig funktionierte und ins Meer stürzte. Die in Amerika sehr einflussreiche Gesellschaft will nun aber möglicherweise einen neuen Versuch wagen, um das Konzept zu testen. Wenn es nämlich erfolgreich wäre, könnte es uns helfen, die Reisezeiten im Sonnensystem drastisch zu verkürzen. Ein Flug zum fernsten „Planeten" Pluto etwa ließe sich in knapp zwei Jahren bewältigen – die im Januar 2006 gestartete Sonde *New Horizons* braucht dagegen 9,5 Jahre!

So richtig futuristisch mutet das Konzept des *Boussard-Ramjets* an, der bei Reisen zwischen den Sternen eingesetzt werden könnte und noch deutlich mehr Schub als ein Ionentriebwerk lieferte, wenn er denn je realisiert werden sollte. Das Raumschiff müsste sich den als Treibstoff verwendeten Wasserstoff mit einer riesigen Auffangvorrichtung fortlaufend aus dem Weltall einsammeln. An Bord würde aus dem Wasserstoff ein Plasma erzeugt, das Kernfusionen auslöst und so den eigentlichen Schub produzierte.

Sobald das Problem der kontrollierten Kernfusion technisch gelöst ist, müssten sich eigentlich recht schnell auch Kernfusionsantriebe bauen lassen. Ein solcher Antrieb wäre zumindest theoretisch imstande, bis zu 10 Millionen Mal mehr Energie aus der gleichen Menge Treibstoff frei zu setzen wie ein chemisches Triebwerk. Dank seiner immensen Kraft könnten mit ihm Menschen bis in die äußersten Bereiche des Sonnensystems vordringen und unbemannte Sonden die unfassbaren Weiten zu

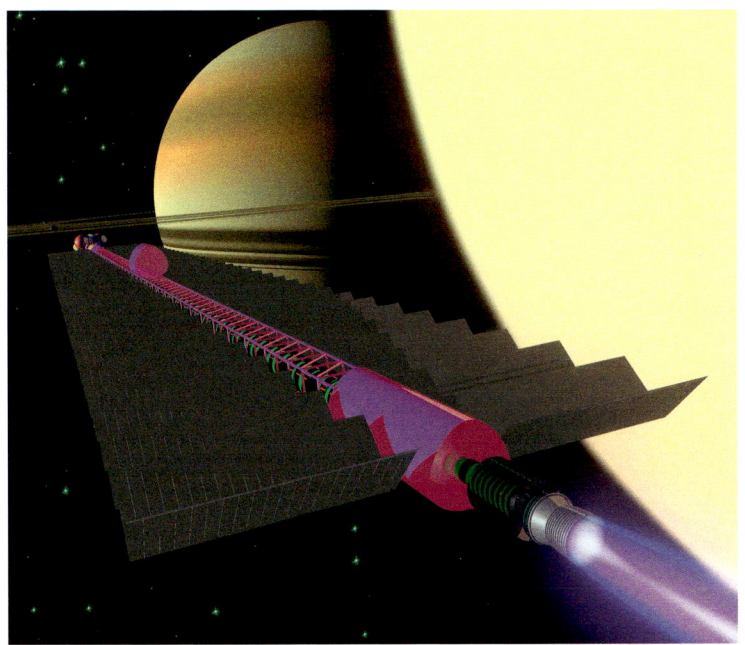

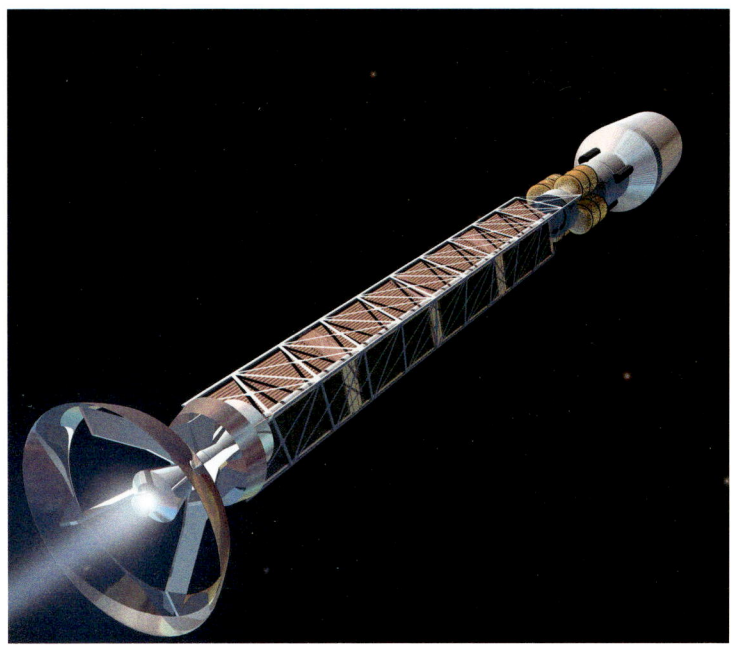

Ein riesiges bemanntes Fusions-Raumschiff bringt in dieser Zukunftsvision Wissenschaftler in das Ring- und Mondsystem des Saturns und lässt sie die geheimnisvollen Welten vor Ort untersuchen.
Mit chemischen Antrieben würden solche Reisen viel zu lange dauern und gewaltige Mengen an Treibstoff verbrauchen.

Könnte so je ein Antimaterie-Raumschiff aussehen? Der Zeichner der NASA stellt es sich jedenfalls so vor! Die Techniker spekulieren, das Gefährt müsse so lang gebaut sein, damit sich Materie und Antimaterie sauber voneinander trennen lassen. Der Ring um die Düse bildet ein Magnetfeld, welches die geladenen Teilchen aus dem Antrieb bündelt und den Schub ausrichtet.

anderen Sternen überwinden. Unsere fernen Nachfahren könnten dann über die Wunder ferner Welten staunen und ihr Wissen über die Entstehung von Planetensystemen bei einem anderen Stern überprüfen.

Was aber wäre alles möglich, wenn sich die allerkühnsten Träume der Sciencefiction-Autoren je realisieren ließen und der Mensch sogar die Energie aus dem absolut höllischsten Feuer, das man sich vorstellen kann, beherrschen lernte! Jener alles vernichtenden Kraft in der vollständigen Auflösung der Materie, die Albert Einstein mit seiner berühmten Formel $E = m \cdot c^2$ beschrieben hat! Es ist nicht vollständig unmöglich, wenn auch im Moment fast nicht vorstellbar, dass eines Tages genug Antimaterie erzeugt werden könnte, um sie in einem Triebwerk mit gewöhnlicher Materie reagieren zu lassen. In dem Moment, in welchem die beiden Materieformen aufeinander treffen, verstrahlen beide augenblicklich und absolut vollständig. Materie wird zu Energie!

Bis zu 10 Milliarden Mal mehr Energie müsste sich in einem derartigen Antimaterie-Antrieb im Vergleich mit einem heutigen chemischen Triebwerk gewinnen lassen. Genug Energie, um nach Meinung vieler Zukunftsautoren, aber auch einiger nüchtern denkender Physiker, selbst das Raum-Zeit-Gefüge unseres Weltalls zu verändern und wie die verschiedenen Varianten des Raumschiffs *Enterprise* der Kapitäne Kirk und Picard mit Überlichtgeschwindigkeit die leeren Unendlichkeiten unseres Universums zu durchfliegen.

Realistisch sind solche Träume heute selbstverständlich nicht. Kein Ingenieur hat auch nur die geringste Ahnung, welche Techniken zum Bau eines Superkreuzers der „Sternenflotte" nötig wären, ganz zu schweigen davon, wie das Gefährt gebaut werden müsste. Die Tatsache, dass wir Menschen bis heute keinen Besuch einer fremden Überzivilisation erhalten haben, die zum Bau derartiger Wunderschiffe fähig ist, könnte sogar den Zweifel wecken, ob sie überhaupt konstruierbar sind!

Die Fantastereien um den Bau von Warp-Raumschiffen, die den Raum und die Zeit krümmen und für die Reisenden unvorstellbare Geschwindigkeiten möglich machen, belegen aber nur einmal mehr den tief in uns verwurzelten Drang, aus unserer engen kosmischen Heimat am Rande des Orion-Arms der Milchstraße auszubrechen, die Welt zu erkunden, sie verstehen und sie letztlich auch für unsere Zwecke nutzen zu lernen. Bis dorthin steht uns aber noch ein unabschätzbar weiter Weg bevor.

Wir haben heute aber die Chance, erste kleine Gehversuche auf ihm zu wagen. Unsere Technik erlaubt uns jetzt bereits, zumindest unseren eigenen Lebensraum, die Erde und das Planetensystem bis in die fernen Winkel der Oort'schen Wolke gründlich zu erforschen und für uns zugänglich zu machen. Wohin der Weg nach außen führt, weiß niemand! Er wird uns aber sicher gewaltig fordern, und er führt ganz bestimmt vorwärts!

Der Riesenplanet Saturn verdeckt die Sonne vor den empfindlichen Kameraaugen der Raumsonde *Cassini*. Das Streulicht der Sonne an den feinen Eisteilchen lässt die Ringe des Planeten in bisher nie erreichter Klarheit und Schönheit aufleuchten. Die Abbildung wurde nur möglich, weil die Techniker die während dreier Stunden aus unterschiedlichem Winkel geschossenen 165 Bilder so präzise überlagern konnten, dass kaum ein Bildfehler erkennbar wird. Aufnahme vom 15. September 2006. Werden bald Menschen auch mit eigenen Augen ein derartiges kosmisches Schauspiel genießen können?

Fünf Gründe, warum wir das
Sonnensystem erforschen müssen

1. Die Erde verstehen

Die Erde ist keine isolierte Welt, sondern Teil des Sonnensystems und des nahen Weltalls. Wenn wir begreifen wollen, welche Kräfte und Gefahren von außen die Erde beeinflussen, müssen wir unsere kosmische Umgebung erforschen.

Das erdnahe Weltall bietet uns auch einen hervorragenden Aussichtspunkt, um die globalen Vorgänge auf unserem Planeten zu untersuchen und Veränderungen in der Atmosphäre, den Meeren und auf dem Land rechtzeitig zu erkennen.

2. Unsere Herkunft verstehen

Wir können die Geschichte des Sonnensystems, die Herkunft des Lebens auf der Erde und unsere eigene Stellung im Kosmos nur verstehen, wenn wir uns als Teil des Kosmos begreifen. Der Mond und die anderen Planeten können uns auch die Informationen zum Verständnis unserer Herkunft liefern und hel-

fen, das Phänomen Leben im kosmischen Ganzen zu ergründen.

Gesichertes Wissen über unsere Herkunft hilft uns, eine gemeinsame Basis unseres Selbstverständnisses zu entwickeln, und vermindert den Zusammenprall dogmatischer Weltanschauungen mit dem Anspruch auf unüberprüfbare Wahrheit.

3. Den Menschen ein Ziel geben

Weltraumfahrt kann wie kaum ein anderes Unternehmen faszinieren und kommt unserem tief verwurzelten Entdeckerdrang entgegen. Sie kann die Jugend begeistern und ihr eine Zukunftsperspektive geben. Eine Aufbruchstimmung in der Gesellschaft ist für den positiven Umgang mit allen Problemen der Menschheit Voraussetzung!

4. Die Wirtschaft profitiert

Ein High-Tech-Projekt verlangt nach motivierten und zu Höchstleistungen fähigen Mitarbeitern auf allen Stufen und ist Anstoß zu völlig neuen technischen Anwendungen. Wie schon mehrmals in der Geschichte der Menschheit wird ein nachhaltiger Aufbruch zu neuen Welten einen Entwicklungsschub für uns alle auslösen und unseren Lebensraum ausweiten.

5. Globale Zusammenarbeit

Die Erforschung unseres kosmischen Vorgartens ist eine friedliche, herausfordernde Aufgabe für die ganze Menschheit und fördert die Zusammenarbeit der Völker.

Die Suche nach Leben im Weltall

Warum wünscht der Mensch sich so verzweifelt, nicht allein zu sein?

ALLIE IN STEVEN SPIELBERGS „TAKEN", FOLGE 2

Sommer 1996. Mitten in die Ferienstimmung platzt die Ankündigung der NASA, ihre Forscher hätten in einem vom Mars stammenden Meteoriten eindeutige Spuren von außerirdischen Lebewesen gefunden. Kein Geringerer als der damalige amerikanische Präsident Bill Clinton erklärte auf der Pressekonferenz der verblüfften und staunenden Welt, dass diese Entdeckung, „wenn sie bestätigt werden" könne, „sicher eine der erstaunlichsten Einsichten in unser Universum sein wird, welche die Wissenschaft je entdeckt" habe. Wie sich bald zeigte, war dieses von Präsident Clinton eingefügte „wenn" ein, milde ausgedrückt, ziemlich berechtigtes Fragezeichen. Rasch tauchten nämlich während der weiteren Untersuchungen des Meteoriten ALH84001 immer mehr Unklarheiten auf, und heute sind nur noch wenige Wissenschaftler von einem biologischen Hintergrund der seltsamen Kohlenstoffverbindungen und der im Meteoriten entdeckten Einschlüsse überzeugt.

Aber auch wenn der Meteorit ALH84001 den endgültigen Beweis für Leben außerhalb der Erde nicht erbringen kann, hatte der Medienwirbel um die nach wie vor rätselhaften Einschlüsse dennoch für die Wissenschaft ganz enorme Bedeutung. Er hat nämlich auch vorsichtigen und skeptischen Wissenschaftlern klar gemacht, dass wir mit den heute zur Verfügung stehenden technischen Mitteln jederzeit über eindeu-

Eine fantastisch detaillierte Aufnahme des neuesten Mars-Beobachters der NASA, des *Mars Reconnaisance Orbiters*, der im Herbst 2006 mit der Suche nach aussichtsreichen Landeplätzen für die zukünftige Suche nach Leben auf dem Roten Planeten begonnen hat.

Die sensationelle Aufnahme einer nach wie vor rätselhaften Struktur in einem Meteoriten vom Mars. Schon kurz nach der Veröffentlichung der NASA im August 1996 äußerten zahlreiche Forscher Zweifel am biologischen Ursprung der bakterienähnlichen Einschlüsse im Meteoriten ALH84001, obwohl auch komplexe Kohlenstoffverbindungen und magnetische Kristalle gefunden wurden, die auf der Erde nur in Bakterien vorkommen.

Die Mikroskopkamera des Marsrovers *Opportunity* konnte diese wunderbare Aufnahme geschichteter Ablagerungen zur Erde funken. Spannend ist, dass die Schichten nicht nur parallel, sondern wellenförmig angeordnet sind und sich teilweise überkreuzen. Genau solche Ablagerungen findet man auf der Erde in Schichten, die vom Uferbereich stehender Gewässer stammen, an denen Wellen die feinen Körner ans Ufer spülten. Das Wasser am Landeplatz von *Opportunity* war nach den Analysen der Wissenschaftler sehr salzhaltig. Die kleinen Kügelchen im Bild bestehen aus Hämatit, der im verdunstenden Wasser ausgefällt worden ist.

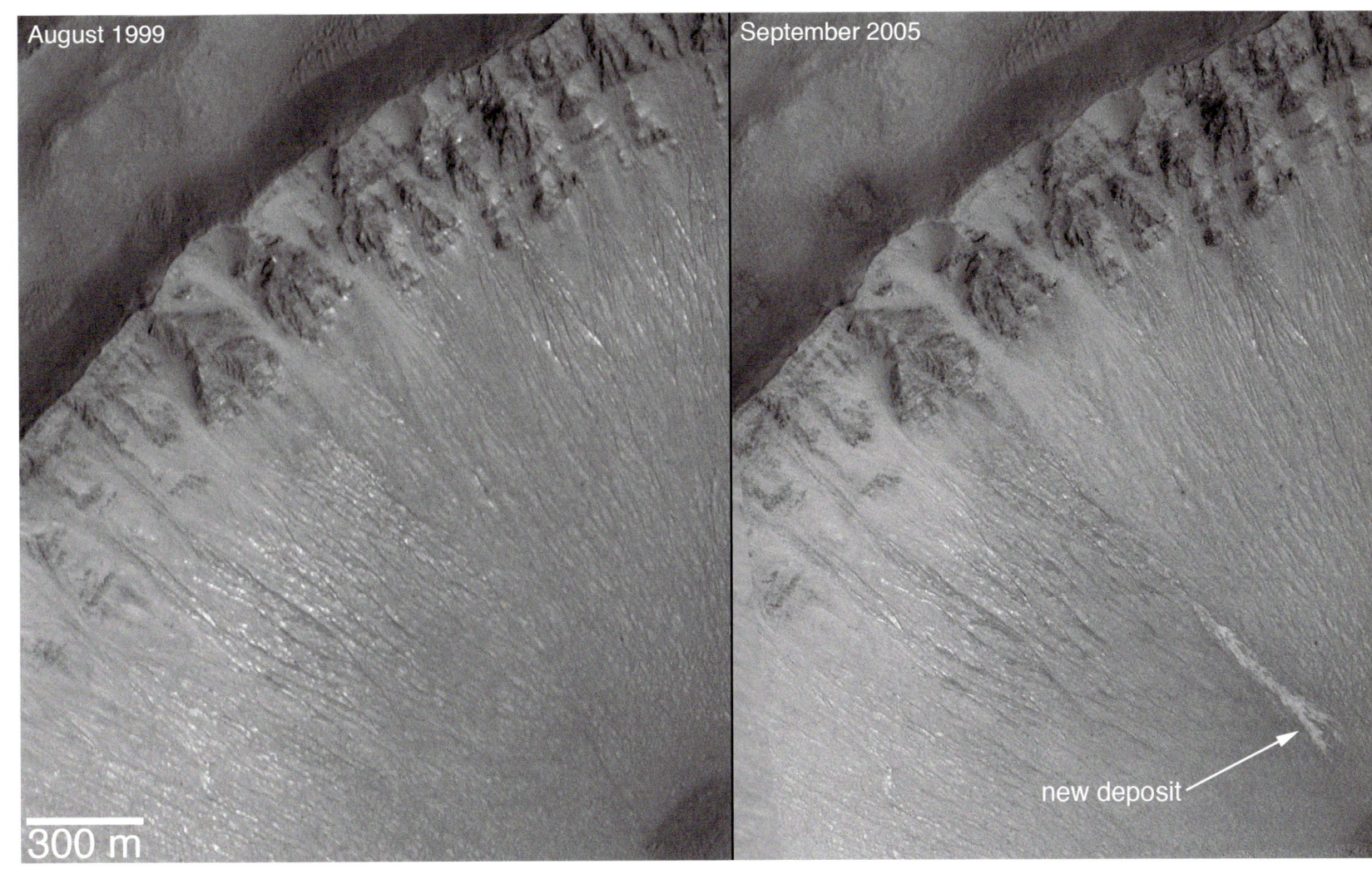

Der Beweis, dass Wasser auch heute noch auf dem Mars zumindest kurzfristig fließen kann? Der vorsichtige Mike Malin, Chef der Bildauswertung des Marssatelliten *Mars Global Surveyor*, ist davon überzeugt. Die weiße Ablagerung im Abhang eines unbenannten Kraters im Terra Sirenum-Gebiet auf der Südhalbkugel des Planeten war im August 1999 noch nicht vorhanden und muss also sehr frisch sein. Die Art und Weise, wie die Ablagerung kleine Hindernisse „umfloss", und auch ihre Färbung lassen den Wissenschaftlern fast keine andere Möglichkeit, als den Schluss zu ziehen, dass Wasser durch eine Rinne zu Tal floss, gefror und die in ihm gelösten Salze an der Oberfläche sichtbar machte. Zudem könnte Frost auf dem Eis angefroren sein und die helle Färbung betonen.

tige Spuren außerirdischen Lebens stolpern könnten. Zusammen mit dem eindeutigen Nachweis von bereits mehr als 200 fremden Planetensystemen bei Sternen in unserer Nachbarschaft hat ALH84001 das Rennen um den ersten Nachweis fremder Lebewesen ganz ernsthaft eröffnet. Die Suche wird in naher Zukunft mit neuen, noch besseren Instrumenten und Sonden sogar gezielt planbar! Unsere Generationen haben damit das einmalige Glück, in der Zeit zu leben, in welcher eine der ältesten und tiefsten Fragen der Menschheit vielleicht schon bald beantwortet wird: Sind wir allein im Weltall?

Kein seriöser Wissenschaftler wird davon ausgehen, auf dem Mars oder anderswo in unserem Sonnensystem kleine grüne Männchen anzutreffen, mit denen wir bei einem guten Glas Wein über Gott und die Welt diskutieren könnten. Wir kennen unseren kosmischen Vorgarten zwar noch sehr ungenügend, aber soviel dürfte klar sein: Wenn wir auf einem unserer Schwesterplaneten oder einem ihrer Monde Leben finden sollten, so dürfte es sich allenfalls um Mikroben handeln, ähnlich unserer Bakterien! Dies mag enttäuschend klingen, aber es wäre trotzdem eine der folgenschwersten und wichtigsten wissenschaftlichen Entdeckungen aller Zeiten, ganz so wie es Präsident Clinton formulierte. Wieso?

Gäbe es in unserem Sonnensystem außerhalb der Erde tatsächlich bakterienähnliche Lebewesen, so könnten diese auf zwei Arten entstanden sein. Entweder stellten wir fest, dass diese Lebewesen unseren Mikroorganismen sehr ähnlich sind, was auf einen gemeinsamen Ursprung hindeutete, oder aber diese Mikroben sind mit den unseren nicht verwandt und haben eine eigenständige Entstehungsgeschichte hinter sich. Beide Fälle wären für uns hoch interessant und würden unser Weltbild massiv beeinflussen. Im ersten Falle bedeutete die gemeinsame Herkunft, dass einfache Lebewesen die kosmische Leere zwischen den Himmelskörpern überwinden können und ihre planetare Umgebung schlicht und einfach infizieren.

Erste Kandidatin als biologische „Dreckschleuder" wäre natürlich die Erde. Einschläge von Asteroiden könnten ohne weiteres schon früh in ihrer Geschichte Felsbrocken mit lebensfähigen Keimen ins All geschleudert und sie als Arche Noah über das ganze Sonnensystem verteilt haben. Zumindest die nahen Planeten hätten so schon vor Milliarden von Jahren irdische Aliens der bakteriellen Sorte empfangen können.

Anfang Januar 2005 fand *Opportunity* den ersten Meteoriten außerhalb der Erde. Könnten einst Lebewesen im Inneren von Meteoriten die Reise zwischen den Planeten überlebt haben?

Entstand unsere Lebensform wirklich hier auf der Erde?

Sollten wir tatsächlich erdähnliches Leben auch anderswo im Sonnensystem finden, so müssten wir uns aber auch ganz ernsthaft die Frage stellen, ob die stillschweigend gemachte Annahme, das irdische Leben sei hier auf unserem Planeten entstanden, auch wirklich richtig ist. Könnte die Besiedelung der Erde nicht auch von außen her erfolgt sein und außerirdische Bakterien in der frühen Kindheit unseres Heimatplaneten die Erde belebt und die Evolution in Gang gesetzt haben?

Die Möglichkeit dazu besteht tatsächlich. Der Mars zum Beispiel dürfte in seiner Frühzeit die deutlich günstigeren Bedingungen für die Entstehung von Leben geboten haben als die Erde. Wegen seiner geringeren Anziehungskraft fing Mars in der

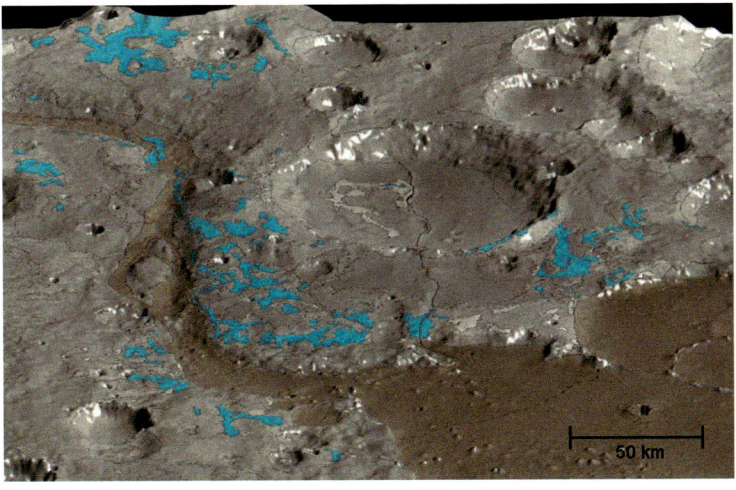

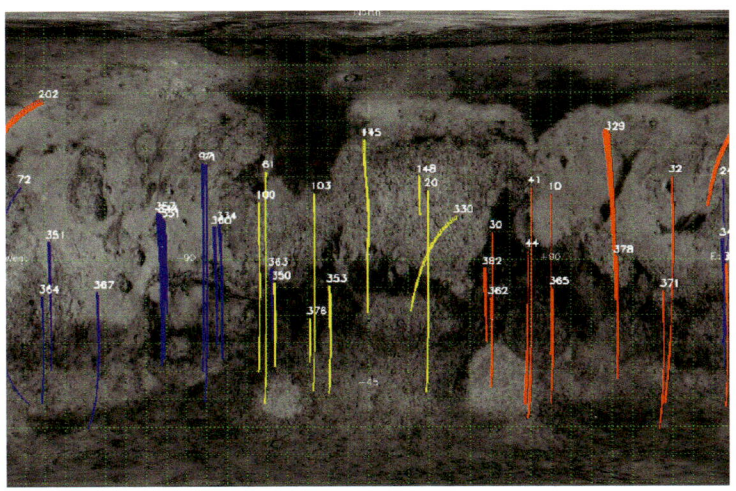

Eine der Schlüsselentdeckungen der europäischen Mars-sonde *Mars Express*! Wasserreiche Tonmineralien (blaue Markierungen) in den Abhängen des Marwth Vallis. Die Tonmineralien wurden während der gewaltigen Fluten eines Wasserausbruchs durch das Tal frei gespült und belegen ältere Zeiten mit lange stehenden Gewässern in der Gegend! Die Entdeckung der Tonmineralien war deshalb so enorm wichtig, weil diese Mineralien sich nur in stark wässerigen Umgebungen bilden können und sich im Gegensatz zu den von *Spirit* und *Opportunity* gefundenen Sulfaten nur unter chemisch neutralen oder basischen Bedingungen formen. Es muss also auf dem Mars auch Zeiten gegeben haben, in denen sehr lebensfreundliche Gewässer existierten!

Die Mars-Sensation des Jahres 2004: Methan in der Atmosphäre (höchste Konzentration in den rot markierten Zonen). Das Gas kann zwar auch ohne die Mitwirkung von Lebewesen entstehen, sein Nachweis durch die europäische Sonde *Mars Express* ist aber einer der bisher eindeutigsten Hinweise auf heute noch lebende Mikroben auf unserem Nachbarn. Spannenderweise fand der amerikanische Orbiter *Mars Odyssey* in den Gesteinen unterhalb der Zonen mit der höchsten Methan-Konzentration auch Wassereis, und zwar nur wenige Zentimeter unter der Oberfläche! Leben dort heute noch Bakterien? Nur Bohrungen auf dem Mars können uns Gewissheit liefern.

ersten halben Milliarde Jahre klar weniger oft große Asteroiden oder Kometen ein als unser Planet, der bei solchen Crashs wohl mehrfach bis weit in sein Inneres aufgeschmolzen wurde. Mögliche erste Lebewesen auf der Erde hatten kaum eine Chance, derart apokalyptische Zeiten zu überdauern. Wäre also Leben schon kurz nach der Geburt der Erde hier entstanden, so hätte es die Phase der heftigen Einschläge kaum überstanden.

Ganz anders auf dem Mars. Vieles spricht für eine wesentlich ruhigere Kindheit des Roten Planeten. Zudem besaß Mars damals wohl auch die „richtigen" Bedingungen. Fließendes Wasser jedenfalls dürfte in ausreichender Menge vorhanden gewesen sein: Riesige Täler beweisen, dass sich auf seiner Oberfläche einst gewaltige Wassermassen ihren Weg durch die Gesteine gefräst haben. Flüsse, Teiche und Seen und vielleicht sogar Flachmeere prägten sehr wahrscheinlich über längere Zeiten hinweg seine Landschaft, bevor das Wasser ins Weltall entwich oder im Boden gefror. Stammt unsere Lebensform also vom Mars? Gelangten erste Bakterien vom Mars

Die Spannung war riesig, als im Spätherbst 2006 der Marsrover *Opportunity* endlich sein einst als unerreichbar geltendes Ziel, den Victoria-Krater, erreichte. Gab es in diesem tiefsten Krater in der Umgebung der Landestelle von *Opportunity* ebenfalls fein geschichtete Gesteine? Und wenn ja, von welchem Typ und wie tief in den Krater hinein? Die Antworten auf diese Fragen sind von enormer Bedeutung, denn sie können uns zeigen, ob es in der Frühzeit des roten Planeten nur kurze, lokale Tümpel gab oder ob die riesige Ebene Meridiani Planum während längerer Zeit und mit großen Mengen Wasser bedeckt war. Ein erster Blick in die Tiefe des Kraters zeigte den Forschern sofort eine Vielfalt von Ablagerungen und die gesuchten Schichtungen bis weit hinunter. Allerdings sind es grobe Schichtungen, von der gleichen Art, wie wenn auf der Erde Sanddünen verfestigt werden. Vermutlich muss *Opportunity* in den Krater gesteuert werden, um erfolgreich nach den feinen Anzeichen einstiger Gewässer suchen zu können. Blick Richtung Osten zur Felsnase „Cabe Verde".

(oder einem anderen Himmelskörper) zur Erde und verwandelten ihn über Milliarden von Jahren zu dem Lebensplaneten, den wir heute kennen?

Oder war alles ganz anders? Entstand anderswo im Sonnensystem völlig eigenständiges Leben? Für unsere Weltsicht hätte diese Gewissheit wahrhaft überwältigende Konsequenzen! Sie bedeutete, dass Leben im Universum an extrem vielen Orten entstehen kann! Für die Astrobiologen wäre dies allerdings bereits keine revolutionäre Erkenntnis mehr. Ihre Forschungen haben in den letzten zehn Jahren unsere Sicht von der Einmaligkeit des Lebens auf der Erde bereits massiv erschüttert. Sie haben ganz klar gezeigt, dass Leben bei weitem nicht nur innerhalb der engen Grenzen existieren kann, die für uns Menschen oder die größeren Tiere gelten. Die Wissenschaftler haben Bakterien in über 100 °C heißen Quellen und an den kältesten Stellen der Antarktis gefunden, sie kultivierten Mikroben aus den Reaktoren von Kernkraftwerken, aus Salztümpeln, Säuren und Laugen, der Tiefsee und aus Granitproben, die aus einer Tiefe von mehreren Kilometern ans Tageslicht befördert wurden. Die Welt der Bakterien und der noch ursprünglicheren Archäen ist weit vielfältiger, als bis vor kurzem angenommen werden konnte! Was könnten Lebewesen von anderen Himmelskörpern uns wohl noch an Überraschungen bieten?

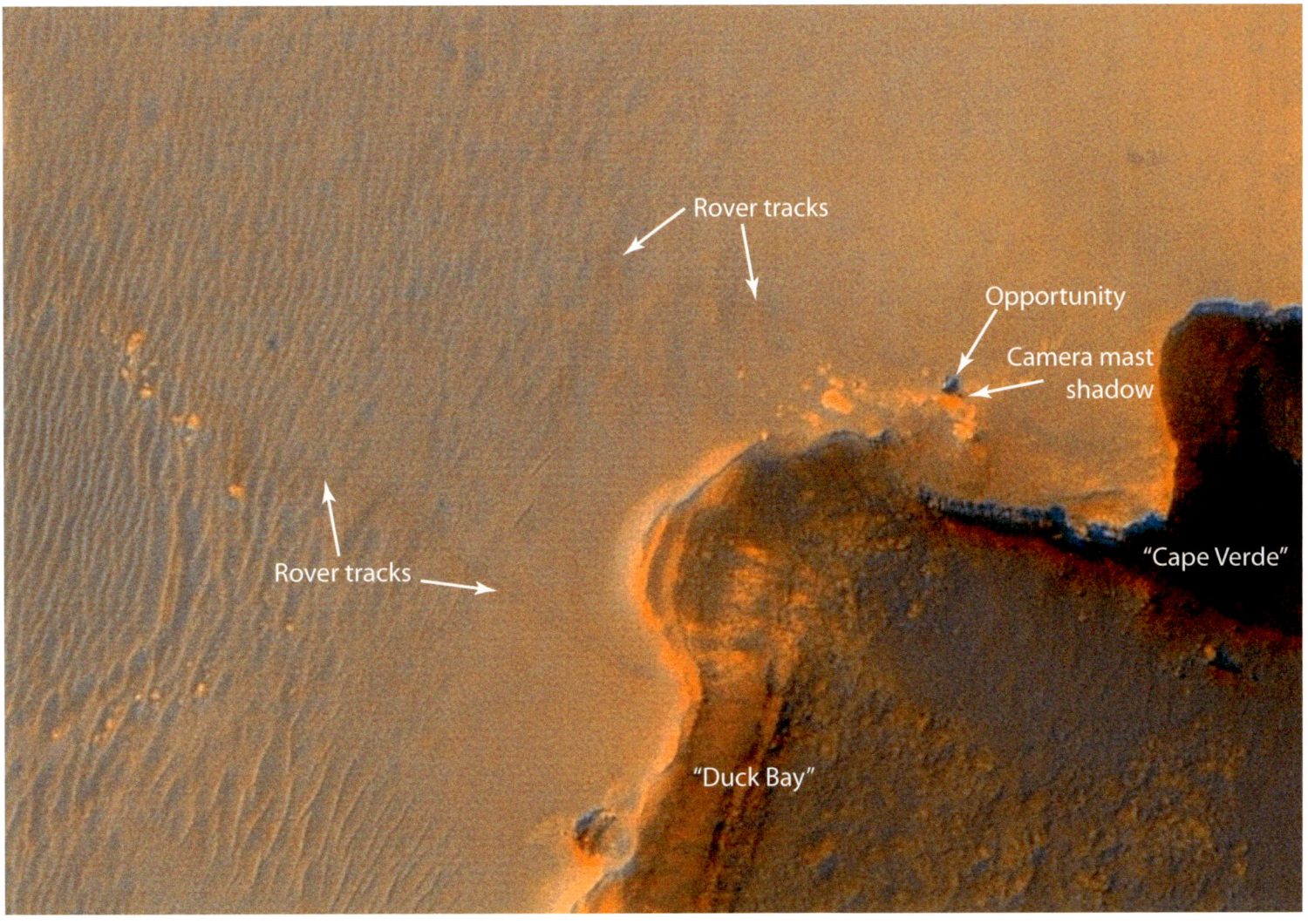

Eine der eindrücklichsten Aufnahmen des Raumfahrtzeitalters. Der *Mars Reconnaissance Orbiter* fotografierte am 3. Oktober 2006 aus seiner Umlaufbahn den Rover *Opportunity* am Rande des etwa 800 m großen Victoria-Kraters. Sogar die Fahrspuren des Rovers sind im Staub der Ebene erkennbar. Eine eindrückliche Demonstration der Leistungsfähigkeit moderner Kamerasysteme. Norden ist oben.

Noch aber ist es nicht so weit. Noch haben wir mit der Suche gar nicht richtig ernst-haft begonnen und haben bisher kein einziges auch noch so winziges außerirdisches Bakterium vorzuweisen, geschweige denn etwas, das groß genug wäre, um es in einem Zoo ausstellen zu können. Unser Sonnensystem bietet uns aber eine ganze Reihe aussichtsreicher Orte an, wo fremde oder uns ähnliche Lebensformen auch heute noch günstige Lebensräume fänden. Der Mars ist ganz klar einer der Haupt-kandidaten, er ist aber ebenso sicher nicht das einzige Reiseziel auf dem Wunschzet-tel der Astrobiologen, die am liebsten sowieso gleich selbst vor Ort nach den Spuren des Lebens fahnden möchten.

Noch können sie nicht selbst verreisen und müssen die Suche nach Leben mit unbemannten Sonden weiterführen. Der nächste Besucher des Roten Planeten wird der *Phoenix-Lander* der NASA sein, der im Mai 2008 am Nordpol des Mars landen soll und dort seinen Untergrund nach Wasser absuchen wird. Schon 2009 fliegt das *Mars Science Laboratory*, ein viel größerer und besser ausgerüsteter Rover als *Spirit* und *Opportunity*, zum Mars. Wo dieses mobile NASA-Labor genau landen soll, ist noch ebenso offen wie der Einsatzort des europäischen *ExoMars*. Die Wissenschaftler und Ingenieure werden die Entdeckungen der gegenwärtig den Mars untersuchen-den Sonden bis zur letzten Minute nutzen, um möglichst Erfolg versprechende Lan-deorte zu finden.

Für die Wissenschaftler besonders interessant wären zum Beispiel all jene Gegenden, in denen Tonmineralien zu finden sind, weil diese Ablagerungen ein deutlicher Hinweis auf Wasservorkommen in früheren Zeiten sind und durchaus sogar noch fossile Spuren einstiger Lebewesen enthalten könnten. Spannend wäre es natürlich auch, jene Landstriche abzusuchen, in denen es möglicherweise sogar noch in den letzten Jahren zu Wasserausbrüchen kam! Leider sind diese Stellen an den Abhängen von Kratern sehr schwer zu erreichen und deshalb ein Albtraum für die verantwortlichen Lande-Techniker!

Eine wunderschöne Aufnahme der chao-tischen Region Cona-mara auf dem Jupiter-mond Europa. Deutlich sind die riesigen Eis-schollen zu erkennen, die durch die Gezeiten-kräfte des Jupiters aus-einander gerissen wor-den sind. Die helle Zone ist mit relativ frischen Eispartikeln übersät, welche vom rund 1000 km entfernten Kra-ter Pwyll stammen und beim dortigen Einschlag ausgeschleudert worden sind. Aufnahme der NASA-Sonde *Galileo*.

Auf der Erde gehören Wasser und Leben sehr eng zusammen. Ohne Wasser kein Leben! Gilt dies auch anderswo? Solange wir keine Ahnung über fremdes Leben haben, scheint es sicher vernünftig, Leben dort zu suchen, wo ähnliche Bedingungen wie auf der Erde herrschen. So betrachtet sind alle Himmelskörper mit flüssigem Wasser für die Astrobiologen von größtem Interesse, besonders wenn sie dazu noch über Mineralien, Kohlenstoff und freie Energie verfügen. Dazu gehören zum Beispiel auch die drei Jupitermonde Europa, Kallisto und Ganymed. Von ihnen wissen wir seit der *Galileo*-Mission, dass sich unter ihrer eisigen Oberfläche matschiges Eis oder sogar flüssiges Wasser befindet!

Ein außerirdischer Ozean

Eine Sensation für die Wissenschaft: Diese Aufnahme der Raumsonde *Cassini* bietet eine gewaltige Überraschung: Der kleine Eismond Enceladus schleudert ständig kleine Eisteilchen und Wasserdampf aus einem Geysir ins Weltall und nährt damit sogar den E-Ring des Saturns.

Besonders spannend ist Europa. Unter seiner kilometerdicken Eiskruste muss sich nämlich ein über 100 km tiefer Ozean aus flüssigem Wasser befinden! Offenbar kneten die Gezeitenkräfte des nahen Riesenplaneten den Mond ständig bis in sein Innerstes ganz gewaltig durch. Sein Kern erhitzt sich dabei so stark, dass er das darüber liegende Wasser aufheizt und so den Ozean flüssig hält. Gibt es in dieser finsteren Eishölle am Grunde des Ozeans heiße Quellen wie auf den Meeresböden der Erde? Können dort vielleicht sogar heute noch Mikroorganismen die chemischen Energiequellen anzapfen, organisches Material aufbauen und so wie ihre irdischen Kollegen um die „black smokers" in der lichtlosen Tiefe unserer Ozeane zur Grundlage eines ganzen Ökosystems werden? Wird es uns Menschen je gelingen, das dicke Eis über dem Europa-Ozean zu durchbohren und einen Roboter in seine Tiefe zu schicken?

Wasser in flüssiger Form so weit außen im Sonnensystem war eine überraschende Entdeckung. Völlig verblüfft waren die Forscher aber, als auch die im Saturn-System kreuzende Sonde *Cassini* klare Beweise für flüssiges Wasser aus ihrer noch viel größeren Distanz zur Erde funkte. Die Sensation platzte, als *Cassini* den kleinen Eismond Enceladus im Frühjahr 2006 von seiner Nachtseite, also von „hinten", gegen die Sonne fotografierte. Überdeutlich waren riesige Wasser- und Eisfontänen erkennbar, die aus dem Südpol des kleinen Trabanten schossen. Noch weiß niemand genau, wie es dem kleinen Mond gelingen kann, das Eis in seinem Inneren zu verflüssigen; Fakt ist aber, dass es unter seiner Oberfläche große Einschlüsse mit

Der kleine Saturn-Mond Enceladus hat nur gerade mal einen Durchmesser von 500 km und hat trotzdem unter seinem Südpol (unten) einen Vorrat an flüssigem Wasser, möglicherweise nur knapp unter seiner Oberfläche. Die grünen Streifen auf dem Eis in der südlichen Halbkugel stammen von organischen Verbindungen, die sich in der Tiefe von Spalten im Eis angereichert haben.

flüssigem Wasser geben muss und dass in den Tiefen einiger seiner eisigen Spalten die Temperaturen bis zu 80 K über der Umgebungstemperatur liegen. Enceladus ist mit dieser Entdeckung der sechste bekannte Himmelskörper im Sonnensystem mit flüssigem Wasservorkommen. Er wird sogar für die Suche nach Leben interessant, weil es in den tiefen Eisrillen an seinem Südpol auch noch organische Verbindungen gibt. Wir dürfen gespannt sein, welche weiteren Entdeckungen der nächste nahe Vorbeiflug am 12. März 2008 an diesem völlig unterschätzten Mond bringen wird

Eigentlich war es das Hauptziel der *Cassini*-Mission, einen anderen Mond des Ringplaneten genauer unter die Lupe zu nehmen, den von einer dichten Atmosphäre verhüllten Titan. Dieser zweitgrößte Mond des Sonnensystems ist für die Astrobiologen deshalb so spannend, weil es in seiner Atmosphäre neben Stickstoffgas auch einen ganzen Cocktail aus organischen Molekülen gibt und weil schon seit langer Zeit vermutet werden konnte, dass es auf seiner kalten Oberfläche „Gewässer" aus flüssigem Methan gibt! Tatsächlich weisen die Messungen der *Cassini*-Sonde und des von ihr ausgesetzten, europäischen Landegerätes *Huygens* große Mengen komplizierter Kohlenwasserstoffe und Tholine nach, organische Moleküle, von denen einige Forscher vermuten, sie könnten eine entscheidende Rolle bei der Entstehung von Leben spielen. All diese großen Moleküle „regnen" ständig auf die Oberfläche des Mondes und könnten dort noch viel komplexere Stoffe aufbauen.

Titan, der größte Mond des Ringplaneten Saturn. Seine Oberfläche ist ständig unter einer trüben Atmosphäre aus Kohlenwasserstoffen verhüllt. Trotzdem können die hochauflösenden Kamerasysteme an Bord von *Cassini* auch die trübe Atmosphäre des Mondes durchdringen und beginnen, seine Geheimnisse zu enthüllen. Auf dieser Aufnahme ist ein rötlich leuchtendes Wolkensystem in der südlichen Halbkugel zu erkennen. Die hellen Zonen sind mit Wassereis und Methan bedeckte Hügel und Gebirge.

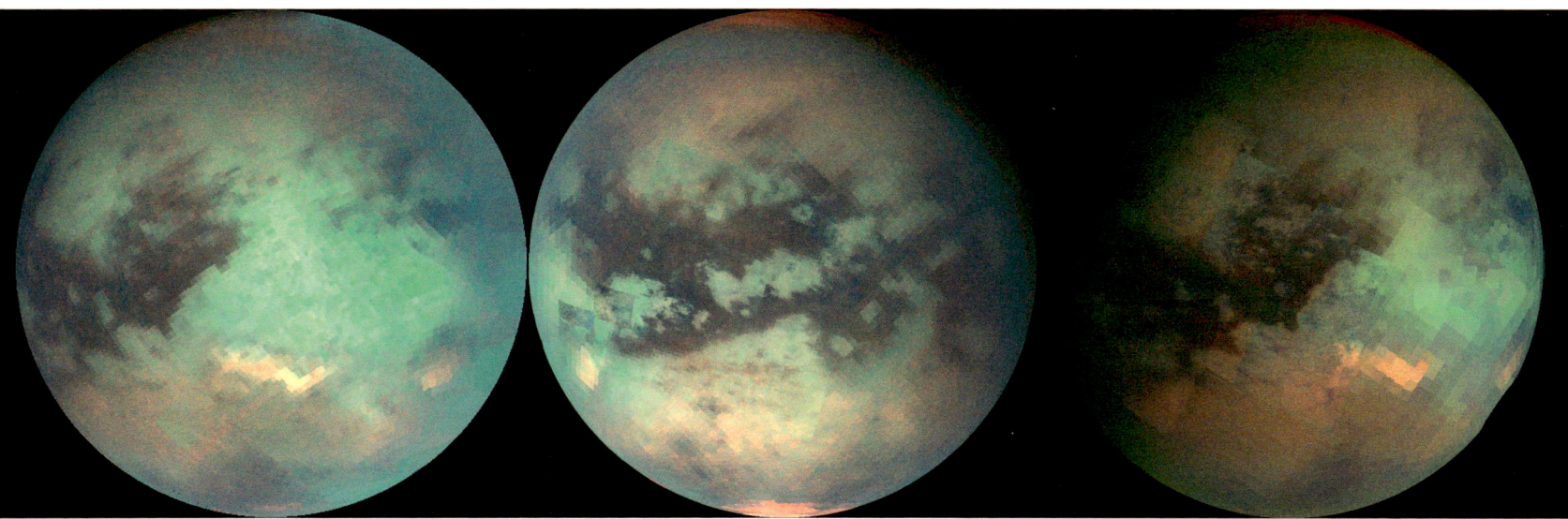

Titan – Flüsse und Seen wie auf der Erde

Die „Flüsse" auf Titan dürften nicht nur vom „Regen" aus flüssigem Methan und den beigemischten Kohlenwasserstoffen gespeist werden. Einiges deutet darauf hin, dass die Oberfläche des Mondes von Innen her erwärmt wird und ein Gemisch aus Wasser, Ammoniak, Methan und anderen Stoffen verflüssigt, das sich dann durch die Täler in die Ebenen wälzt.

Trotz der erdähnlichen Aktivitäten auf Titan kann er kaum als Modell für die junge Erde dienen. Es ist ganz einfach zu kalt auf seiner Oberfläche, und wesentliche chemische Reaktionen, die auf der Urerde zur Entstehung von Leben beigetragen haben mögen, sind auf Titan nicht möglich. Für die Wissenschaftler ist er trotzdem enorm faszinierend, weil auf ihm noch immer die gleichen Prozesse ablaufen wie vor Milliarden von Jahren. Es ist so, als wäre Titan in seinen Kinderjahren fixiert worden. Es ist eine Welt, die sich einfach nicht weiter entwickelt und uns auch heute noch zeigt, wie es auf einem Himmelskörper kurz nach der Geburt unseres Sonnensystems aussah und welche Vorgänge ihn in seiner frühesten Zeit formten. Titan ist für die Forscher ein einmaliges Studienobjekt, dessen Erforschung noch lange nicht abgeschlossen ist, auch wenn *Cassini* eines Tages seine Arbeit in der Welt der Ringe und Monde des Saturns beendet haben wird.

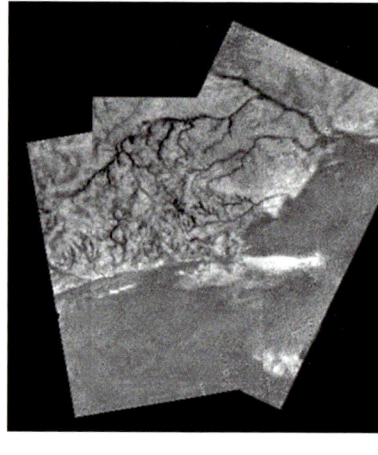

Das fein verästelte Flusssystem aus der Aufnahme links unten auf dieser Seite von oben betrachtet. Vermutlich führen die „Flüsse" nicht ständig Flüssigkeit oder nur in geringen Mengen. Die dunkle Färbung der Täler stammt vermutlich von Kohlenwasserstoff-Ablagerungen, die sich dort angesammelt haben. Die hellen Zonen über der „Küste" sind Wolken.

Eine Landschaft fast wie auf der Erde. Die europäische Landesonde *Huygens* fotografierte während ihres Abstieges zur Oberfläche des Saturnmondes Titan eine Küstenlinie und Flusssysteme, die aus den Hügeln im Hintergrund in Richtung der flachen Tiefebene (ein See?) führen. Unter den Bedingungen auf Titan kann fast nur Methan in flüssiger Form vorliegen und die markanten Gewässer geformt haben.

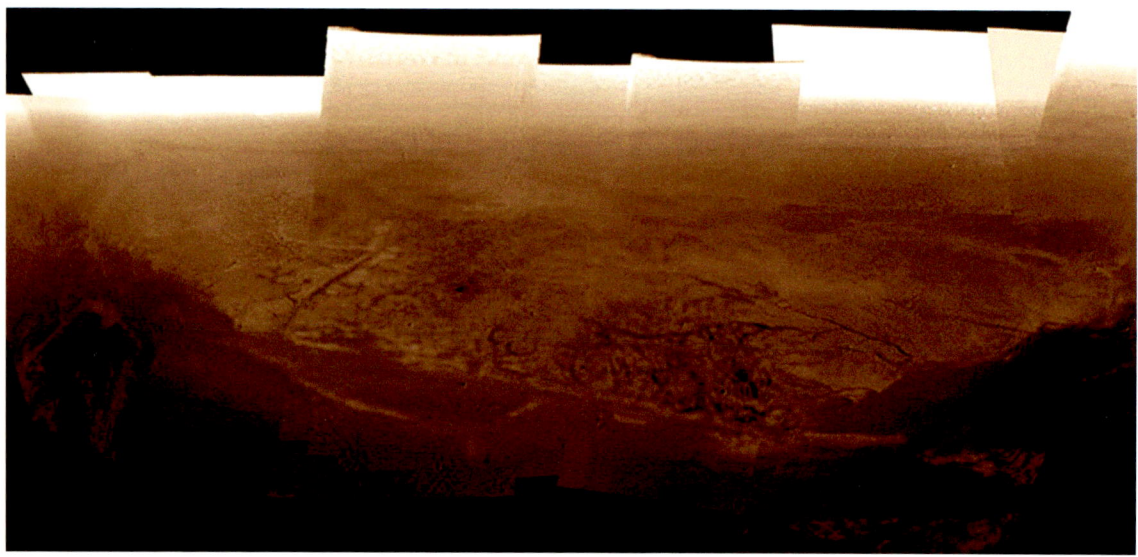

**Die „küssenden Seen"
auf Titan.** Zwei miteinander verbundene Gewässer in der Arktis des Mondes. Sie enthalten flüssige Kohlenwasserstoffe. Bildbreite etwa 60 km.

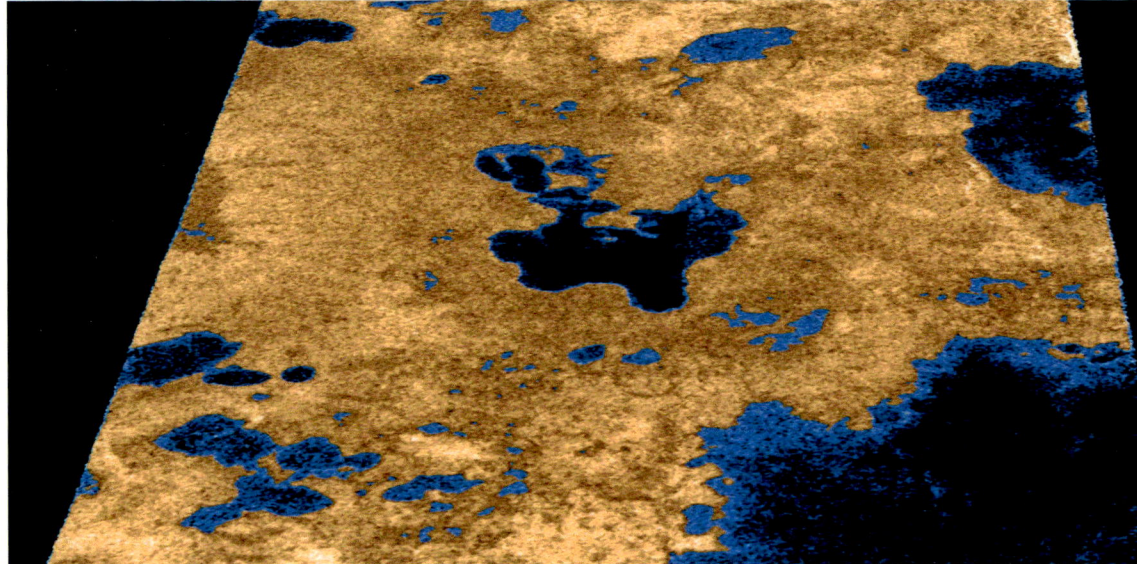

Die Radarechos der Seen auf Titan sind in dieser Aufnahme blau angefärbt. Flüssigkeiten haben eine sehr glatte Oberfläche, was im Radarbild schwarz erscheint. Bildbreite ca 140 km. *Cassini*, 22. Juli 2006.

Nochmals ein See mit zuführenden Flusstälern, durch die sich immer wieder eine flüssige Brühe aus organischen Stoffen in Richtung der tiefer gelegenen Gegenden ergießt. Der Beweis für eine aktive Welt weit außen im Sonnensystem. Bildbreite etwa 60 km.

Und weiter weg? Wie steht es mit Leben in fernen Sonnensystemen? Ist es nicht völlig verfrüht, eine solche Frage überhaupt zu stellen? Wo wir doch heute noch nicht einmal ein einziges fremdes Planetensystem mit erdähnlichen Welten kennen? Wie sollen unter diesen Voraussetzungen Planeten mit Lebewesen gefunden werden?

So überraschend es klingen mag, wir sind fast so weit. Schon in wenigen Jahren wird es Teleskope geben, welche die feinen Spuren des Lebens auch über Entfernungen nachweisen können, die nur in Lichtjahren zu messen sind. Leben prägt nämlich einen Planeten derart massiv, dass sich seine Anwesenheit auch über kosmische Entfernungen aufspüren lässt.

Signale des Lebens

Das beste Beispiel dazu ist unsere Erde. Auch völlig ohne unser Zutun sendet der blaue Planet unablässig Signale ins Weltall, die einem wachsamen Beobachter verraten: Ich trage Leben! Wieso? Ganz einfach deswegen, weil alle Lebewesen ihre Umgebung ständig verändern. Alles was lebt nimmt Stoffe auf, wandelt sie um und gibt sie wieder an die Umwelt ab. Dazu gehören auch Gase, die sich in der Atmosphäre ansammeln, aber ohne die Arbeit der Lebewesen dort nur für kurze Zeit und nur in kleinen Mengen überdauern können. Eines dieser Gase ist Sauerstoff.

Sauerstoff ist ein äußerst reaktives Gas, das hier auf der Erde fast nur als Abfallstoff der Fotosynthese entsteht. Sobald Sauerstoff mit Metallen oder auch vielen anderen Stoffen in Kontakt kommt, reagiert er sofort und verschwindet so aus der Lufthülle. Wir alle kennen die Folgen in Form rostiger Eisenstücke bestens. Gibt es also in der Lufthülle eines Planeten größere Mengen Sauerstoff, so muss er ständig in riesigen Mengen neu freigesetzt werden, was praktisch nur durch Lebewesen möglich ist. Sollte die Atmosphäre dazu auch noch Methangas enthalten, so käme dies auch für skeptische Wissenschaftler einem Beweis für fremdes Leben gleich.

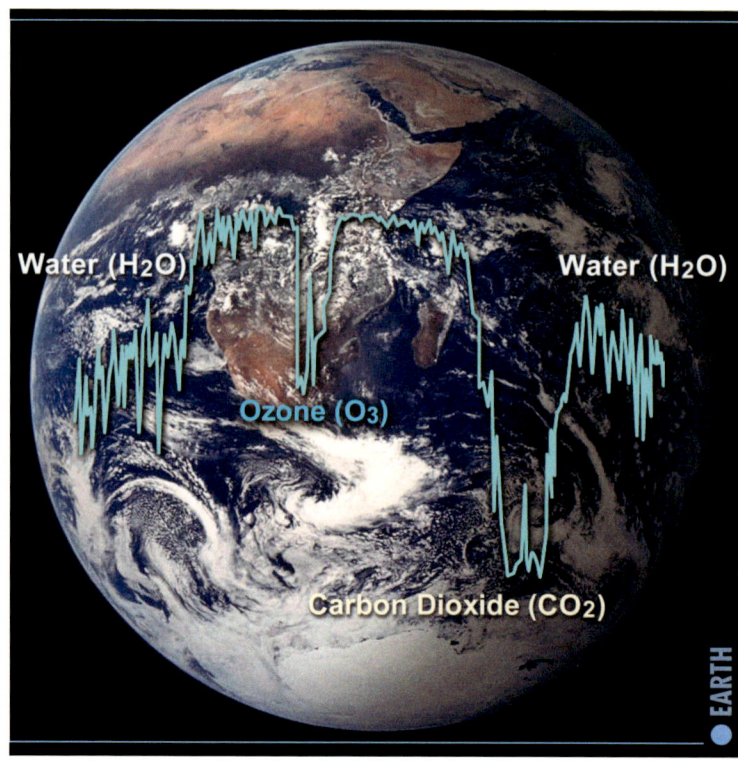

Wie aber lässt sich Sauerstoff in der Atmosphäre nachweisen? Im Prinzip wiederum ganz einfach. Das Licht des Sterns, um den sich der Planet bewegt, wird durch den Sauerstoff in einer ganz bestimmten Art und Weise verändert, was mit entsprechend empfindlichen Instrumenten auch über kosmische Distanzen messbar ist. Wenn der Planet von uns aus gesehen direkt vor dem Stern her zieht, lässt sich die Veränderung sogar heute schon nachweisen.

In einem Falle ist dies dem *Hubble*-Weltraumteleskop auch bereits gelungen. Der provisorisch als „Osiris" bezeichnete Riesenplanet um den Stern HD209458 besitzt in seiner Atmosphäre Natrium, Wasserstoff, Sauerstoff und Kohlenstoff. Leben dürfte aber bei der Freisetzung von Sauerstoff in der Atmosphäre von HD209458b, wie der Planet offiziell heißt, kaum eine Rolle spielen. Bei ihm wird die oberste Schicht der Lufthülle durch die brutale Hitze des extrem nahen Sterns weggeblasen und in ihre atomaren Bestandteile aufgelöst.

Noch besser als *Hubble* ist der Ende 2006 gestartete französische Satellit *Corot* für die Entdeckung von Exoplaneten ausgerüstet. Seine empfindlichen Instrumente sollten es ihm ermöglichen, auch erdähnliche Planeten bei ihrer Passage vor dem Muttergestirn zu entdecken und zu analysieren. Erste Resultate werden schon für 2007 erwartet.

Corot ist aber nur die Vorhut für noch ambitioniertere Projekte: den amerikanischen *Terrestrial Planet Finder* oder das europäischen Projekt *Darwin*. Beide Vorschläge haben ein ganz ähnliches Konzept und praktisch die gleichen Ziele, und für beide ist die Finanzierung bisher nicht gesichert. Es wäre wohl kaum überraschend, wenn sich aus diesen beiden Ideen ein gemeinsames europäisch-amerikanisches Unternehmen entwickelte!

Die Sauerstoffvariante Ozon (O_3) hinterlässt im Licht eines Planeten eine ganz charakteristische Spur. Ihr Nachweis wäre unter gewissen Bedingungen schon fast der Beweis für fremdes Leben.

Die Entdeckung fremder Planeten vom Typ unserer Erde, wenn möglich gar mit Hinweisen auf eine biologische Entwicklung auf ihnen, wäre sicherlich eines der wichtigsten Ereignisse in der Geschichte der Menschheit. Wir wüssten endlich mit Sicherheit, dass wir nicht die einzige Lebensform im so lebensfeindlich erscheinenden, unendlich riesigen, brutal kalten und doch von unvorstellbar gewaltigen Strahlungsformen durchdrungenen Weltall sind. Wir könnten so unsere kosmische Einsamkeit abschütteln und uns als Teil einer belebten Milchstraße verstehen.

Wir müssten aber auch begreifen, dass selbst diese epochale Entdeckung uns nicht davor befreite, gemeinsam als Art Mensch den einzigen uns zur Verfügung stehenden Lebensraum, unseren Planeten und seine unmittelbare Umgebung, zu nutzen und zum Wohle aller zu verwalten. Unsere Zukunft, unser Schicksal, bliebe auch als Teil einer galaktischen Lebenswelt unsere ureigene Aufgabe. Wir müssen sie in eigener Verantwortung lösen und einen bewusst gestalteten Weg in eine Welt finden, die wohl viel komplexer, spannender und gefährlicher, aber sicher weit faszinierender ist als alles, was sich der Mensch je erträumt hat. Wir sind die erste Generation, die diesen Weg in einem kosmischen Zusammenhang zu erahnen beginnt. Es liegt einzig an uns, den Mut und die Entschlossenheit aufzubringen, ihn auch zu gehen!

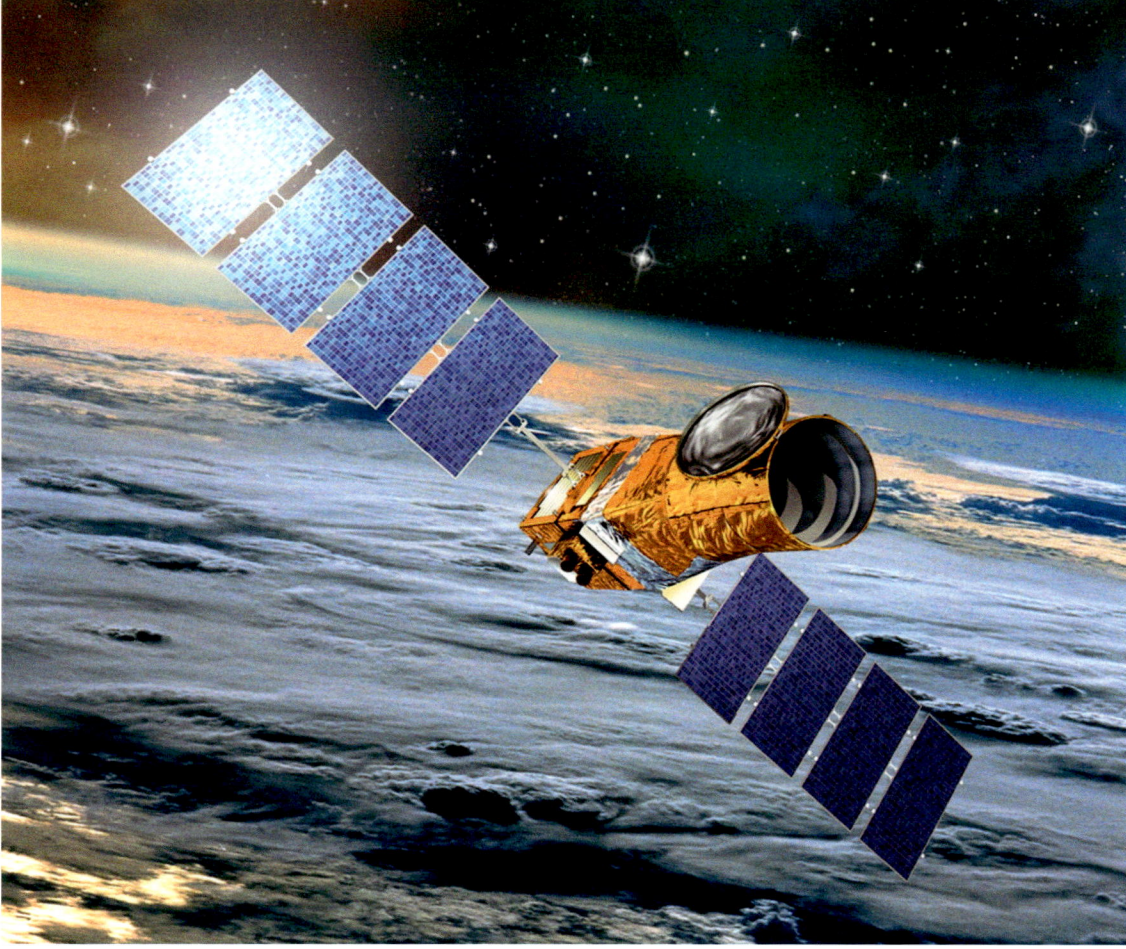

Künstlerische Darstellung des französischen Planetenjägers *Corot*, der am 27. Dezember 2006 erfolgreich gestartet wurde. Sein Teleskop soll erstmals erdähnliche Planeten bei der Passage vor ihrem Stern entdecken können.

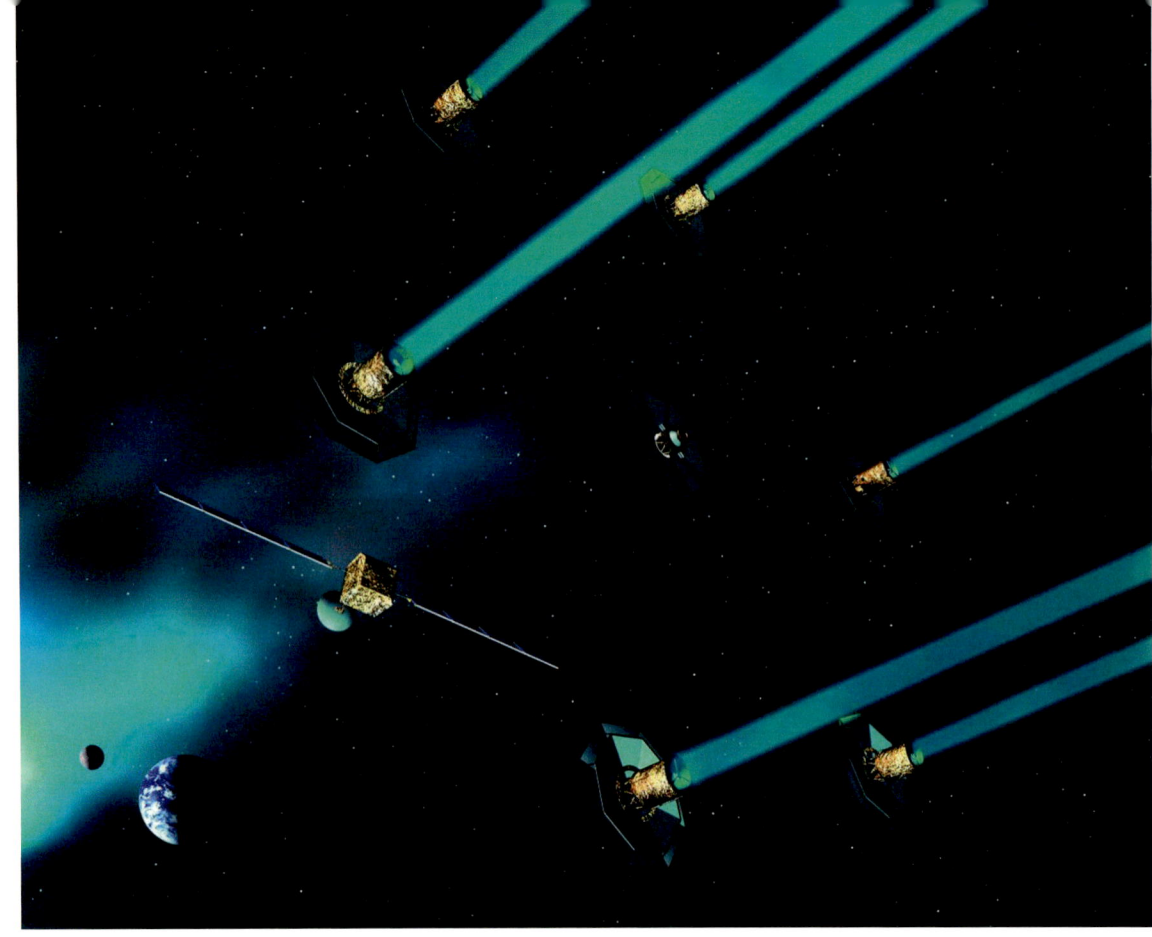

So könnte es in einigen Jahren aussehen, wenn *Darwin* oder auch der *Terrestrial Planet Finder* von ihrem Aussichtspunkt im All nach fremden Erden sucht. *Darwin* soll aus sechs Teleskopen, einem zentralen Satelliten als Bildrechner und einem Kommunikationssatelliten (links) bestehen. Die Anordnung der Teleskope liefert gegenüber einem einzigen großen Fernrohr ein viel detaillierteres Bild. Könnte es sogar gelingen, Oberflächenmerkmale zu erkennen?

Die Suche nach
extraterrestrischer Intelligenz

Die Kopfhörer aufgesetzt, den Computer neben sich, liegt Jodie Foster im Film „Contact" leicht verkrampft auf der Kühlerhaube ihres Autos in der Abenddämmerung der Wüste von New Mexico und lauscht dem Rauschen aus dem All, welches die riesigen Antennen hinter ihr auffangen. Während sich ihre Kollegen mit Kürbisschnitzen im Kontrollraum beschäftigen, beginnt es in den Ohren der Wissenschaftlerin zu wummern. Laut, deutlich und ohne Zweifel: ET ruft die Erde!

Nun, ganz so dramatisch und persönlich an die Heldin adressiert dürfte eine interstellare Nachricht die Erde kaum erreichen. Trotzdem versuchen Forscher überall auf der Erde Signale außerirdischer Intelligenzen mit ihren Antennen einzufangen. Eine Herkulesarbeit!

Ganz abgesehen davon, dass es keinerlei Hinweise gibt, ob überhaupt ein Signal Richtung Erde unterwegs ist und aus welcher Richtung es kommen könnte, wird es ungemein schwierig werden, die Sendung der Aliens im Lärm der knatternden, quietschenden, summenden und brummenden Störfunkfeuer des Himmels wahrzunehmen. Wenn dem Bemühen der Forscher Erfolg beschieden sein sollte, so werden sie es einem Computerprogramm verdanken, das all die vielen Radioquellen von der einen, alles verändernden Botschaft trennen kann.

Führend in der Suche nach ET ist seit Jahren das private SETI-Institut (Mountain View, Kalifornien). Schon seit den ersten Lauschangriffen ins All (Frank Drake, 1960) wird nach Radiosignalen aus dem All gesucht, die auf einen intelligenten Absender hindeuten könnten. Dieser Linie folgt auch das Projekt Phoenix, welches das 305-m-Radioteleskop in Arecibo nutzt. Großen Publikumserfolg hatte SETI@home durch den Bildschirmschoner für den Heim-Computer, der die freie Zeit des Rechners nutzte und Radiosignale statistisch bearbeitete. Millionen haben daran schon teilgenommen! Neben einer ganzen Reihe amerikanischer Universitäten, gibt es auch ein australisches und ein italienisches Projekt der Suche im Radiowellenbereich. Ganz neu wird das im Bau befindliche Allen Telescope Array in Nordkalifornien die Suche in den nächsten Jahren aufnehmen und mit seiner riesigen Sammelfläche und den modernen Computersystemen die bisherigen Anstrengungen bei weitem übertreffen.

Nebst dem geduldigen Warten auf die News von fremden Planeten per Radiowellen, haben die Fachleute vom SETI-Institut zusammen mit Forschern der University of California auch begonnen, nach Laserpulsen (Optical SETI) Ausschau zu halten.

All diese Arbeiten begründen sich auf der nicht unberechtigten Hoffnung, dass auf einem nicht allzu fernen Planeten ebenfalls technisch interessierte, intelligente Lebewesen sitzen und wie wir sich fragen, ob sie denn allein in ihrer Ecke der Milchstraße sitzen. Elektromagnetische Wellen im Radio- oder auch im optischen Bereich sind im Moment das beste vorstellbare Medium für einen Gedankenaustausch zwischen den Sternen. Allerdings verbieten uns die riesigen Entfernungen ein gemütliches Plaudern, braucht doch eine Radiosendung zu unserem Nachbarstern schon mal rund 4,5 Jahre – nur den Hinweg gerechnet!

Die ersten Antennen für das Allen-Großteleskop sind bereits montiert.

Das Universum beherbergt Millionen von Galaxien mit jeweils Milliarden von Sternen – und Planeten. Die Frage ist nicht, ob wir jemals fremdes Leben im Weltall finden werden, sondern wo und wann.

Wichtige Erstleistungen in der unbemannten Raumfahrt

Startdatum	Mission	Land	Leistung
04.10.1957	Sputnik 1	UdSSR	Erster künstlicher Satellit
03.11.1957	Sputnik 2	UdSSR	Erstes Tier im Weltall (Hündin Laika)
02.01.1959	Luna 1	UdSSR	Erster Satellit verlässt Erdanziehung und passiert Mond (04.01.1959); wird zum ersten künstlichen Satelliten der Sonne
12.09.1959	Luna 2	UdSSR	Erste harte Landung auf dem Mond (14.09.1959, Mare Serenitatis), entdeckt den Sonnenwind
04.10.1959	Luna 3	UdSSR	Erste Umkreisung des Mondes, erste Aufnahmen der Mondrückseite
01.04.1960	Tiros 1	USA	Erster Wettersatellit, sendet fast 23 000 Bilder der Erdoberfläche
10.07.1962	Telstar 1	USA	Erster Fernmeldesatellit, nicht stationär
25.08.1962	Mariner 2	USA	Erster Vorbeiflug an der Venus am 14.12.1962
28.11.1964	Mariner 4	USA	Erster Vorbeiflug am Mars am 15.07.1965, sendet 22 Bilder
31.01.1966	Luna 9	UdSSR	Erste weiche Landung auf dem Mond am 03.02.1966 im Meer der Stürme
17.08.1970	Venera 7	UdSSR	Erste Landung auf der Venus am 15.12.1970
10.11.1970	Luna 17	UdSSR	Erste Landung (17.11.1970) eines ferngesteuerten Fahrzeuges (Lunokhod 1) auf dem Mond; erster steuerbarer Roboter auf einem anderen Himmelskörper, zurückgelegte Distanz: 10 540 m; über 20 000 Bilder; testet über 500 Proben vom Mondboden
30.05.1971	Mariner 9	USA	Erste Sonde in der Umlaufbahn um einen fremden Planeten; erreicht den Mars am 14.11.1971 und sendet bis 27.10.1972 über 7000 Bilder zur Erde
03.03.1972	Pioneer 10	USA	Erster Vorbeiflug an Jupiter (03.12.1973); Nahaufnahmen aus dem Jupitersystem; verlässt gegenwärtig das Sonnensystem Richtung Sternbild Stier und wird den Stern Aldebaran in ca. 2 Millionen Jahren passieren; kein Kontakt mehr seit 03.03.2002
06.04.1973	Pioneer 11	USA	Erster Vorbeiflug an Saturn am 01.09.1979
03.11.1973	Mariner 10	USA	Erster Vorbeiflug an Merkur am 29.03.1974 (bisher einzige Sonde bei Merkur)
10.12.1974	Helios 1	D	Erste Sonde zur Sonne; erste Sonde, die nicht in den USA oder der UdSSR gebaut wurde (Start mit Titan-Centaur Rakete der USA)
08.06.1975	Venera 9	UdSSR	Landung auf Venus am 20.10.1975; sendet die ersten Bilder von der Oberfläche eines fremden Planeten zur Erde; erster Orbiter um die Venus
20.08.1975	Viking 1	USA	Erste weiche Landung auf Mars (20.07.1976), sucht durch biologische Experimente nach Spuren von Lebewesen; unklare Resultate, zahlreiche Bilder vom Landeplatz
20.08.1977	Voyager 2	USA	Erste Sonde beim Uranus am 24.01.1986, entdeckt dort neue Ringe; erste Sonde beim Neptun am 25.08.1989; Vorbeiflüge an Jupiter (09.07.1979) und Saturn (25.08.1981)

Startdatum	Mission	Land	Leistung
05.09.1977	Voyager 1	USA	Erster Nachweis von aktivem Vulkanismus auf einem fremden Himmelskörper (Mond Io); größte Annäherung an Jupiter am 05.03.1979; Weiterflug zu Saturn; verlässt das Sonnensystem; immer noch Kontakt aus über 15 Milliarden km Distanz
20.05.1978	Pioneer-Venus 1	USA	Erstellt erste Oberflächenkarte der Venus durch Radarabtastung; Eintreffen an der Venus am 04.12.1978
12.08.1978	ISEE/ICE	USA	Erster Vorbeiflug an einem Kometen (P/Giacobini-Zinner, am 11.9.1985, in 7800 km Distanz); erste Sonde, die zwei Kometen untersuchen konnte (Halley, Ende März 1986 aus über 30 Millionen km)
15.12.1984	Vega 1	UdSSR	Setzt am 11. 06.1985 den ersten Ballon in der Atmosphäre eines fremden Planeten (Venus) aus; misst Windgeschwindigkeit, Temperatur, Druck, Helligkeit und Blitze; erster Vorbeiflug an einem Kometen (Halley, am 06.03.1986)
18.10.1989	Galileo	USA	Erste Sonde in Umlaufbahn um Jupiter (Space Shuttle Atlantis, STS 34); Eintreffen beim Jupiter am 07.12.1975; Ende der Mission am 21.09.2003 durch absichtliches Verglühen in der Jupiteratmosphäre; beobachtet Einschlag des Kometen Shoemaker-Levy 9 im Juli 1994; entdeckt Salzwasser-Ozeane unter den Eisschichten der Monde Europa, Ganymed und Kallisto
	Galileo	USA	Erster Vorbeiflug an einem Asteroiden (Gaspra, am 29.10.1991); erste Beobachtung eines Asteroidenmondes um Ida (Dactyl) am 28.08.1993
17.02.1996	NEAR	USA	Erste Sonde im Orbit um einen Asteroiden (Eros, Beginn 14.02.2000); erste Landung auf einem Asteroiden (Eros, am 12.2.2001)
04.12.1996	Mars Pathfinder	USA	Erstes Fahrzeug auf der Marsoberfläche (Sojourner), erste Landung (04.07.1997) mit Hilfe von Airbags, chemische Analysen von Bodenproben; zahlreiche Aufnahmen und Panoramabilder
15.10.1997	Cassini-Huygens	USA, EU, IT	Erste Sonde im Orbit um Saturn (ab 01.07.2004); zahlreiche Passagen an Saturn und seinen Monden; entdeckt Flussläufe und Seen aus flüssigen Kohlenwasserstoffen auf Titan sowie Geysire auf Enceladus; europäischer Lander Huygens landet als erstes Raumschiff auf einem Mond eines anderen Planeten (Titan, am 14.01.2005)
07.02.1999	Stardust	USA	Erste Sonde, die Material aus dem Schweif eines Kometen (Wild 2, am 02.01.2004) und des interstellaren Staubes einsammelt und zur Erde bringt (Landung am 15.01.2006)
12.01.2005	Deep Impact	USA	Erste Sonde, die einen fremden Himmelskörper (Komet Tempel 1) mit einem Impaktor beschießt (am 04.07.2005), um Krustenmaterial abzulösen und zu analysieren

Register

Danksagung

Ohne die Begeisterungsfähigkeit meines Redakteurs „im Kosmos", Herrn Sven Melchert, wäre dieses Buch nie entstanden. Ihm und meinem Lektor, Herrn Hermann-Michael Hahn, der mit zahlreichen Hinweisen und Vorschlägen wesentliche Beiträge geleistet hat, bin ich zu großem Dank verpflichtet.

Meine Frau Iris und mein Schwiegervater waren die ersten kritischen Leser. Auch ihnen ein herzliches „Merci"!

Impressum

Umschlaggestaltung von eStudio Calamar unter Verwendung einer Aufnahme der NASA.

Mit 78 farbigen Fotos, 37 Schwarzweißfotos und 22 farbigen Illustrationen

Unser gesamtes lieferbares Programm und viele weitere Informationen zu unseren Büchern, Spielen, Experimentierkästen, DVDs, Autoren und Aktivitäten finden Sie unter **www.kosmos.de**

Gedruckt auf chlorfrei gebleichtem Papier

©2007, Franckh-Kosmos Verlags-GmbH & Co. KG, Stuttgart
Alle Rechte vorbehalten
ISBN: 978-3-440-11026-3
Lektorat: Hermann-Michael Hahn
Redaktion: Sven Melchert
Produktion: Siegfried Fischer, Ralf Paucke
Printed in Germany/Imprimé en Allemagne

Der Start von Apollo 11 am 16. Juli 1969 um 9:32 Uhr Ortszeit von der Startrampe 39A des Kennedy Space Center, USA. Mit an Bord waren die Astronauten Neil Armstrong, Edwin Aldrin und Michael Collins. Zum ersten Mal in der Geschichte der Menschheit machten sich Menschen auf, um einen fremden Himmelskörper zu betreten.

Bildnachweis